设计创新与实践应用"十三五"规划丛书

数字摄影艺术与实践

主 编 李 霞

副主编 李 军 王丹麦

中国水利水电出版社

www.waterpub.com.cn

·北京·

内 容 提 要

本书结合大量优秀摄影作品，对数字摄影的摄影器材、摄影基本技术以及人像、风光、体育、舞台、夜景、静物、纪实、新闻等专项摄影的拍摄要领、技法等进行了综合、全面的介绍。全书共5个单元，主要内容为：摄影的起源与发展，数字照相机的使用，数字摄影拍摄技术，不同题材摄影，数字图像常规处理。

本书可作为摄影、建筑设计、艺术设计等相关专业的教材，也可供广大摄影爱好者使用。

图书在版编目（ＣＩＰ）数据

数字摄影艺术与实践 / 李霞主编. -- 北京 ：中国水利水电出版社，2017.1(2020.7重印)
（设计创新与实践应用"十三五"规划丛书）
ISBN 978-7-5170-5095-7

Ⅰ. ①数… Ⅱ. ①李… Ⅲ. ①数字照相机－摄影技术
－教材 Ⅳ. ①TB86②J41

中国版本图书馆CIP数据核字(2016)第323195号

书　　名	设计创新与实践应用"十三五"规划丛书 **数字摄影艺术与实践** SHUZI SHEYING YISHU YU SHIJIAN
作　　者	主 编 李 霞 副主编 李 军 王丹麦
出版发行	中国水利水电出版社 （北京市海淀区玉渊潭南路1号D座　100038） 网址：www.waterpub.com.cn E-mail：sales@waterpub.com.cn 电话：(010) 68367658（营销中心）
经　　售	北京科水图书销售中心（零售） 电话：(010) 88383994、63202643、68545874 全国各地新华书店和相关出版物销售网点
排　　版	北京时代澄宇科技有限公司
印　　刷	北京印匠彩色印刷有限公司
规　　格	210mm×285mm　16开本　14.5印张　288千字
版　　次	2017年1月第1版　2020年7月第2次印刷
印　　数	3001—5000册
定　　价	65.00元

凡购买我社图书，如有缺页、倒页、脱页的，本社营销中心负责调换

编委会

主　编：李　霞

副主编：李　军　王丹麦

摄　影：李　霞　李　军　王丹麦

供　图：赵一凡　孟海韵　王春燕

制　图：李佳琳　张丽丽

前言

随着计算机技术的发展，人类社会已进入高科技信息时代。现代人摄影，几乎都在使用数字照相机，高质量的图像、多种功能、便捷的操作模式，使数字照相机得以迅速普及，而摄影作为科学和艺术的载体，也在社会发展中发挥着越来越重要的作用。

数字照相机的出现，催生了新的摄影技术。图像的形成不再是卤化银晶体，取而代之的是电子像素。摄影教学也应与时俱进，培养适应于社会发展要求的高素质人才，在改进理论教学、课堂教学的同时，更应注重实践教学。社会更需要具有创新性、注重实践与应用、产学研相结合的教学模式。有鉴于此，我们编写了这本《数字摄影艺术与实践》。

本书简明扼要地追溯了摄影发展史，讲述了数字照相机的原理及应用，并采用理论与图片实例相结合的方法全面详细地讲解了使用数字照相机拍摄人像、风光，表现体育活动、舞台，以及新闻摄影的技巧及影像后期处理的方法。书中还对在世界摄影发展史上有影响力的著名摄影家的代表作品予以解读。本书的特点在于，结合大量的丰富图片案例，将理论知识融入到摄影实践中进行讲解，由简至繁，由浅入深，探讨如何更好地运用二维艺术展现三维空间，以及怎样才能熟练掌握摄影技术，提高运用能力，培养和提升自身综合素质，使作品表现更具有创新性。

本书的编写，力求文字言简意赅，图片精练，注重实用性和可操作性，书中每一单元内容后围绕知识重点设置了实践作业，旨在通过动手实践帮助读者掌握相关技巧。

学习摄影，目的在于应用。好的摄影作品其内容要靠熟练拍摄技巧去表现，因此，要多拍勤练，实践出真知。

李　霞

2016 年 5 月

📷 目　录

单元 1　摄影的起源与发展

　　与任何一门科学或艺术的发展一样，摄影的历史与人类的发展史息息相关。它是人类社会文明发展的产物，同时又记录和推进了社会的进步与发展。如今，摄影已经被公认为是一种拥有独特美学价值的视觉艺术。它既受到早期绘画与雕塑艺术的影响，又激发了平面艺术与雕塑艺术新的组织方式与经验表现。在本单元，我们会看到摄影这一表现手法如何诞生、发展，乃至其如何在当代生活中占据如此重要的地位。通过对摄影技术发展史的了解，我们对相机的工作原理会有一个更清晰、更直观的认知，而通过对摄影艺术史的研究，有助于我们的艺术创作水平及作品表现力的提升。

　　摄影在发展至今的 100 多年里，已潜移默化地渗透进我们的日常生活。

1.1　摄影的起源

1.1.1　小孔成像

　　在我们已知的各种文献资料中，1839 年世界各地发生了很多大事件：比利时独立；钢制自行车在英国面世；玛雅文明遗址被发现；在中国，林则徐在虎门销毁鸦片。就在这一年，欧洲大陆一位名叫路易·雅克·芒代·达盖尔的法国人创造出"银版摄影法"，摄影术从此开始。

　　注意，这并不是说摄影就是在 1839 年的某一天横空出世。事实上，早在春秋战国时期，哲学家墨子（公元前 408—前 389）在《墨经》中提出了"针孔成像"这个概念。大约在公元前 330 年，古希腊哲学家亚里士多德（Aristotle，公元前 384—前 322）也发现了小孔成像原理（图 1.1.1）。

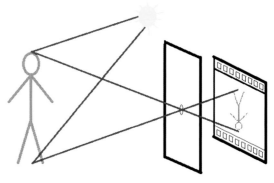

图 1.1.1　小孔成像原理

1

时间推进到 1038 年，一位名叫阿哈桑（Alhazen，生卒年不详）的阿拉伯学者设计了一种叫做镜箱（camera obscura，也译作"暗箱"）的器材。这可以算是最早的机械相机的雏形（图 1.1.2）。到了文艺复兴时期，达·芬奇（Leonardo Da Vinci，1452—1519）在 1490 年记载了关于镜箱的内容。到了 16 世纪，人们已经知道在镜箱的针孔位置装上镜头，借此在暗箱内壁得到比较清晰的影像。

图 1.1.2　镜箱

拓展阅读

上网搜索"古老暗箱里的现代景观"，你会看到美国马萨诸塞艺术与设计学院的阿贝拉多·莫瑞尔教授对暗箱摄影的研究成果。莫瑞尔教授将古老的针孔摄影术发展到极致，把偌大的房间变成一个巨大的"暗箱"，让窗外的风景穿过拇指盖大的进光孔，落在屋内的背墙上，造成虚拟和现实相交的画面。这近乎于一个当代装置艺术，让人们可以站在相机里面观察针孔相机成像的原理。房屋外流动的街景投射在房间的内壁上，呈现出一种如梦如幻的效果。

阿贝拉多·莫瑞尔教授的现代针孔摄影艺术

1611 年，德国人约翰尼斯·开普勒（Johannes Kepler，1517—1630）发明了一台巨大的"便携相机"。所谓便携，是相对当时跟房间一样大的镜箱而言。这台"便携相机"像一顶巨大的可拆卸的帐篷，上面有一扇半透明的窗子。人们站在帐篷之外，可以看到窗子上投射的影像。英国人贺拉斯·沃泊尔（Horace Walpole，1717—1797）在 1807 年改进了技术，研制出明箱（camera lucida），人们可以在箱体外面通过棱镜在绘图纸上看见影像。

随着技术的不断改善，人们通过针孔成像技术看到了越来越清晰的影像。在这种情况下，如何保存这个影像就成了新的议题。成像是通过物理手段，若想将影像保存到某种介质上，人们便尝试借助化学手段。17 世纪的科学家已经发现了银盐，尤其是硝酸银，可以将皮革染色。18 世纪，德国科学家约翰·海因里希·舒尔茨（Johann Heinrich Schulze，1687—1744）在他的实验室里发现了保存影像的新方法，就是通过光与银接触，使二者发生化学变化，从而记录影像。这种方式延续下来，直到今天，胶片摄影师们的作品依然通过这个原理显现出来。

1.1.2 摄影术的诞生

1.1.2.1 三位代表人物

"摄影术"的概念最早来自法国人约瑟夫·尼瑟夫·尼埃普斯（Joseph Nicé-phore Niépce，1765—1833）（图 1.1.3），他是一名退伍军官。59 岁那年，他成功地拍到了一个模糊的影像，这就是如今流传甚广的《勒格拉斯的窗外景色》（View from His Window at Le Gras，藏于美国德克萨斯大学人文科学研究中心）。这张照片（图 1.1.4）摄于 1826 年（一些文献记载为 1827 年），照片中的物体呈现两面受光的状态。这是因为这张照片的曝光时间长达 8h，几乎跨越了太阳东升西落的整个过程。尼埃普斯本人把这个拍摄的过程称作日光蚀刻（heliograph，有些文献译作"阳光摄影术"）。

图 1.1.3 尼埃普斯

与此同时，在巴黎的一个舞美设计工作室里，一位富有创造力的年轻设计师在为歌剧设计舞台之余，创造了一种新兴的城市娱乐项目——透视美术馆（the Diorama）。他利用在中产阶层中积累的市场与人气，使透视美术馆受到了热烈的追捧。这位颇具商业头脑的设计师就是路易·雅克·芒代·达盖尔（Louis Jacques Mandé Daguerre，1787—1851）（图 1.1.5）。

图 1.1.4 《勒格拉斯的窗外景色》 尼埃普斯 / 摄

透视美术馆的原理是在半透明的纸上绘制巨幅的风景画，配合丰富多变的光线，投影出震撼人心的影像。在透视美术馆的发展过程中，达盖尔渐渐想要将这些美妙的影像永久地保存下来。于是，他开始进行各种实验。在经常光顾的一家位于巴黎的光学器材店里，达盖尔结识了尼埃普斯。在达盖尔 42 岁那年，他与 64 岁的尼埃普斯合作一起开发摄影术。

四年后，尼埃普斯因病去世。达盖尔继承了尼埃普斯的研究成果，继续摄影实验。到了 1837 年，他在尝试过多种化学材料之后，发现了水银蒸汽这种理想的显影介质，于是一张照片的曝光时间从 8h 进

图 1.1.5 达盖尔

拓展阅读

第一张有人物出现的照片

至今，摄影史上对于"第一人""第一张照片"等议题还存在许多争议。多数人认为达盖尔的《林荫大道寺院》是第一张有人物出现的照片。这张照片大致拍摄于1838—1839年间。这张照片曝光时长约10分钟。比起尼埃普斯的8小时曝光，这已经称得上是技术上的一次飞跃。也正是因为曝光时间长达10分钟，所以街道上的车流来往并没有被记录下来。后人在角落里发现了一名擦皮鞋的男子。于是这张照片成为了摄影史上第一张有人物出现的照片。

直到2002年，苏富比拍卖行在巴黎的拍卖会上以44.322万美元的价格拍出了一张之前一直由法国国家图书馆收藏的照片——《牵马男子》。这张照片的作者是尼埃普斯。根据史料记载，历史学家们发现这张照片早于《勒格拉斯的窗外景色》两年。所以可以推算出这张照片的曝光时间一定大于或者等于8小时。但这张照片并非以真人为拍摄对象（《牵马男子》是一幅17世纪的版画，尼埃普斯将它当作了拍摄对象），所以这个实验品是否能够算是"有人物出现"的照片，还有待商榷。

《林荫大道寺院》 达盖尔/摄
（1838—1839年）

《牵马男子》 尼埃普斯/摄
（1824—1825年）

化到了30min。这种用水银蒸汽在铜板上显影的方法被命名为达盖尔铜板摄影术。

对于摄影技术来说，1839年是非常重要的一年，这一年被认为是摄影史的开端。1839年，巴黎的《法兰西报》发布文章，说达盖尔先生发现了在暗箱后背固定影像的方法，固定后的影像可以离开暗箱并永久保存。几个月后，达盖尔在法兰西学院正式公布了他的这一发明。

在这两个摄影大事件之间，有一位摄影史上的重要人物出现，他就是英国著名科学家威廉·亨利·福克斯·塔尔伯特（William Henry Fox Talbot，1800—1877）（图 1.1.6）。塔尔伯特写信给法兰西学院，声称自己对摄影术的研究远比达盖尔进步许多。

图 1.1.6   塔尔伯特

相对于在实践中成长学习的达盖尔，塔尔伯特有着优越的教育背景。贵族出身的塔尔伯特自出生就拥有几处收入颇丰的地产，并且在剑桥大学接受了全面的科学教育，在数学及光学领域有丰富的知识储备。1834 年，在一次意大利旅行中，塔尔伯特醉心于眼前的美景，萌生了"记录眼之所见"的想法。此后他着力于摄影研究，并很快想到了将涂有氯化银的纸张放入暗箱，通过氯化银的感光特性，配合适度时长的曝光来将影像固定在纸上的方法。

像一切欧洲贵族一样，塔尔伯特对其他领域的科学研究也抱有极大的热情。他对摄影术的研究并不持久，所以尽管他发明利用光照复制影像的系统在先，但在摄影术的发明上，达盖尔还是占尽先机。

至今，多数摄影史依然将 1839 年《法兰西报》的文章当做标志性文献，将达盖尔作为发明摄影术的人。但我们知道，一种新的科学方法被发明出来，是以物质财富作基础，是为满足当时的精神需求的产物，基础和需求，二者缺一不可。18 世纪中期工业革命之后，生产力迅速发展，欧洲大陆上出现了蓬勃的生机。中产阶级日益兴盛，整个欧洲社会积累了大量财富，艺术品的消费者不再仅仅存在于贵族之间。富裕的中产阶级对艺术品的需求日益增长，而古典的绘画、雕塑已经难以满足多元市场的需求。人们呼唤着更时髦、更新鲜的艺术形式。与此同时，中产阶级并没有像贵族阶层一样从小接受正统的美学熏陶，他们更倾向于非传统、非历史性的创作，拒绝高深莫测的美学价值。他们追求便捷的、反传统的、题材轻松多样、反映现实生活的娱乐性图像。于是凭爱好钻研科学的退伍军官、靠新兴娱乐项目扬名的年轻设计师以及家境优渥四处旅行的年轻贵族就这样殊途同归，共同开创了摄影这一艺术表现形式。

1.1.2.2   三位代表人物杰出贡献

1. 日光蚀刻法

尼埃普斯发明的日光蚀刻法可以称为达盖尔摄影法的前身。从 19 世纪 20 年代开始，尼埃普斯就不断尝试通过对一块经过处理的金属板曝光来获取影响，并通过蚀刻和印刷的方式来呈现在报纸等介质上。前文提到的《在勒格拉斯的窗外景色》是他的代表作。但在拍摄这张照片之后，他的研究陷入瓶颈，更好的画质与更短的操作时间均难以实现。

2. 达盖尔摄影法

达盖尔摄影工艺是达盖尔在他最初的合作者尼埃普斯去世后独自完善的摄影法。在 1839 年《法兰西报》发布声明后的几天，达盖尔在法国工艺美术学院的每周例会上将这项摄影工艺介绍给了与会听众。简言之，达盖尔摄影法就是通过对碘蒸气敏感的镀银铜板曝光，并将铜板置于汞蒸气中"冲洗"出显影。拍摄对象的色彩和环境光线的强度决定摄影时长，一个影像的获取需要 5 ~ 60min 不等。图 1.1.7 所示为用达盖尔摄影法拍摄的《静物》。达盖尔出版了一本技术手册，多数内容仅仅停留在理论阶段。实际的拍摄存在大量技术难题，但这反而吸引了大批富有的爱好者。他们争相购买最新的相机与试剂，花费大量时间与人力将巨大笨重的摄影器材运至拍摄地点。这种空前高涨的热情让欧洲许多光学仪器厂商看到了商机，纷纷推出各种相机和镜片。到 1839 年年底，以"达盖尔法摄影狂热"为标题的文章频繁出现在法国报纸的社会新闻栏里。

3. 卡罗式摄影法

站在技术角度来看，塔尔伯特的拍摄方法比达盖尔有很大进步：曝光时间更短，作品细节更丰富。他将自己的摄影术命名为卡罗式摄影法（Kalos，希腊语，意指"美丽的"）。塔尔伯特在雷丁创办了一家出版社，借助印刷出版的方式对摄影术进行推广。《自然的画笔》囊括了他一系列非常优秀的代表作。其中一幅《开着的门》（图 1.1.8）凭借细腻的影调被英国各大报纸争相刊登。

图 1.1.7 《静物》(Still Life)　图 1.1.8 《开着的门》(The Open Door)
达盖尔 / 摄（1837 年）　塔尔伯特 / 摄（1843 年）

 实践练习

1. 复习本节内容，深入了解对摄影术的起源有重要影响的 3 位开拓者。

2. 复习本节内容，归纳总结 3 种摄影术的基本工作原理和特点。

3. 上网搜索并观看《阿贝拉多·莫瑞尔教授的现代针孔摄影艺术》短片。

4. 上网搜索"针孔相机制作"相关原理，并尝试制作一部自己的针孔相机。

1.2　摄影技术发展重要阶段

1.2.1　第一阶段：萌芽初期

在 10 世纪，阿拉伯学者阿哈桑设计了一种叫做镜箱的器材。他在笔记中写道，针孔越小，通过的光线越少，形成的倒影就越清晰；而光孔越大，通过的光线越多，形成的倒影就越模糊。之后包括达·芬奇在内的许多人都研究并改进着镜箱的结构。

在欧洲工业革命前后人们对物理化学的研究成果应用到各行各业：人们学会用镜子将倒置的影像"正过来"。于是出现了相机中的反光板。同时随着化学知识的普及，研究镜箱的科学家们开始不满足于"看到"，他们开始想方设法将"看到"的画面记录下来。

1725 年，一位德国医学教授偶然间发现硝酸银暴露在阳光下会变暗。1827 年，尼埃普斯利用一个镜箱，在一块涂抹了沥青的锡板上生成了他著名的作品——《勒格拉斯的窗外景色》。达盖尔将尼埃普斯的镜箱和感光药品做了一些改良，并发现使用硫代硫酸钠（海波）溶液可以冲洗掉未经曝光的银盐物质，这个办法一直应用至今。法国的官方团队在达盖尔专利基础上设计出了达盖尔 - 吉鲁相机（图 1.2.1）。这款相机于 1839 年面世，是世界上第一款作为商品面向大众销售的相机。1839 年，英国的塔尔伯特设计了"捕鼠器"相机（图 1.2.2），这是世界上第一台带有可移动底片夹的相机。

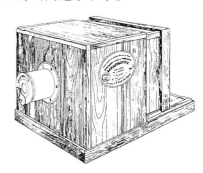

图 1.2.1　达盖尔 - 吉鲁相机

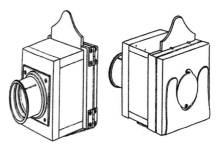

图 1.2.2　塔尔伯特设计的"捕鼠器"相机

在此之后的十几年时间里，摄影爱好者们先后开发出新的片基，如玻璃、蜡纸等，材质越来越轻便，价格越来越低廉。通过不断的尝试，到 1850 年，摄影迎来了火棉胶湿版时代。火棉胶湿版是在黏性火棉胶中加入碘化钾，将其在玻璃板上均匀地推开，然后将玻璃板浸泡于硝酸银溶液中，通过化学反应形成碘化银，最后在硫酸亚铁溶液中显影。使用这种方法，曝光时间相对缩短了很多。操作程序简化后，欧内斯特·爱德华（Emest Adwards）发明了帐篷式样的暗房（图 1.2.3），打包后非常便于携带，并且

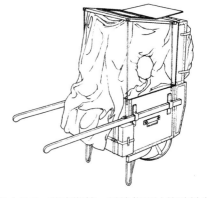

图 1.2.3　欧内斯特·爱德华设计的独轮车式的帐篷暗房

在遮光幕布里有个带有盖子的小隔间，摄影师们可以在里面处理火棉胶湿版底片。

图 1.2.4 是用湿版摄影法拍摄的肖像。

图 1.2.5 和图 1.2.6 是用蓝晒法制作的作品。

同一时期还出现了锡板摄影法和蛋白工艺。值得一提的还有一种非银盐的显影技术——蓝晒法。蓝晒法是建立在铁盐的感光性能之上，这种方法成本非常低，方法较为简单，至今依然广受欢迎。

图 1.2.4 用湿版摄影法拍摄的肖像
Victoria Will/ 摄

图 1.2.5 《猫》(蓝晒法)
王丹麦 / 制作

图 1.2.6 《青岛印象》(蓝晒法)
王丹麦 / 制作

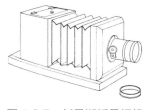

图 1.2.7 刘易斯折叠相机

在摄影术诞生初期的这段时间里，科学家、艺术家们的发明都建立在镜箱基础之上。真正意义上的相机在 1851 年的第一届世界博览会上面世。许多英国厂商在博览会上展示了多种多样的带有皮腔系统的折叠相机（图 1.2.7）。

1.2.2 第二阶段：工业时代

1.2.2.1 胶卷、单反与镜间快门

1888 年，感光媒介从厚重易碎的玻璃发展到轻便的赛璐珞，一种纸基感光媒介——胶卷。但是人们发现这种新的感光媒介受湿度、温度、冲洗情况等多方因素的影响，并且一时无法解决褪色问题，所以相对稳定的蛋白工艺一直被人们所使用。相纸的标准化与大规模印相技术同步发展，多种相纸也被批量投向市场。随着科技的进步，纽约的大型机械化设备可以在 1 分钟内显影 245 张照片，并且可通过应用一种快速反应的相纸使日均印刷量达到 14 万多张。

在相机的设计上，设计师们从两个方面改进设备：一是对适合玻璃、赛璐珞、纸等各种

底片的后背进行改进；二是为追求更快的曝光速度、更清晰的成像，对机身结构进行改进。单镜头反光板相机便随之诞生，其中最有名的是1898年前后问世的格拉菲相机（图1.2.8）。比起之前的设计，格拉菲相机便于携带，可以安装于三脚架，也便于手持，并且在新闻、人像、风光摄影等各领域都有不俗的表现。

同一时期的另一件划时代的产品是1888年柯达公司发布的新型相机。其外表看似一个普通的长方形盒子，内部带有可以安装胶卷的轴心，搭配柯达公司自己开发的柯达胶卷使用。柯达公司的这两件产品一经问世，

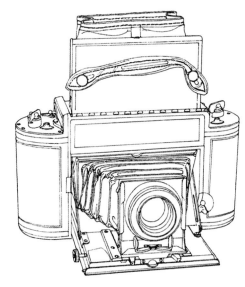

图 1.2.8　1910年第一台使用胶卷的单镜头反光式相机——格拉菲相机（Graflex Camera）

迅速占领了市场。相机制造商们则纷纷开始改良自己的机型，以求能够配合柯达胶卷使用。高额的利润回报让柯达公司更加努力地研发新型胶卷，当感光度更高的明胶干乳剂胶卷问世后，相机的快门速度就变得非常重要了。人们发现依靠手动移开镜头盖和滑动式的快门盖（图1.2.9）都无法提高快门速度，于是高兹扇形快门（图1.2.10）便应运而生。高兹扇形快门是1904年由卡尔·保罗·高兹设计的，它将快门速度提升到了1/100s。同一年，蔡司公司的佛雷德里希·戴克尔设计出了复合快门（图1.2.11），它由机械叶片构成，安装在镜片与镜片之间，所以也被形象地称为镜间快门。经过一系列的改进，镜间快门成为中高端相机的标准配置。

图 1.2.9　滑动式快门盖

1.2.2.2　彩色摄影

19世纪下半叶，科学家们在研究色彩方面取得了长足的进步。他们发现，大自然中的所有颜色都来自于红绿蓝三种原色。如果按照不同比例叠加三种颜色，就会得到我们肉眼所能看到的许多颜色。1861年，基于这种理论，苏格兰物理学家詹姆斯·马克斯维尔通过重叠红绿蓝三张幻灯片，用套色印刷的原理拍到了一张彩色照片《苏格兰格子缎带》（图1.2.12）。

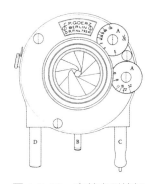

图 1.2.10　高兹扇形快门

光圈和快门速度在拨盘（A）上设定，快门由一个杠杆装置（B）来连接，由气压阀（C）控制。慢速曝光则通过一个延迟气压阀（D）来实现。

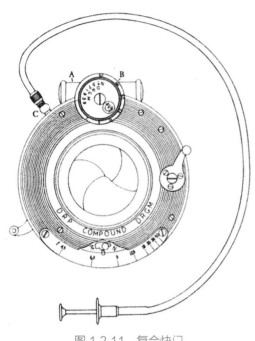

图 1.2.11 复合快门

弗雷德里希·戴克尔在 1911 年前后发明的复合快门。延时气压阀（A）让快门速度变慢，快门速度在拨盘（B）上设定，通过插座（C）可以连接一根快门线。

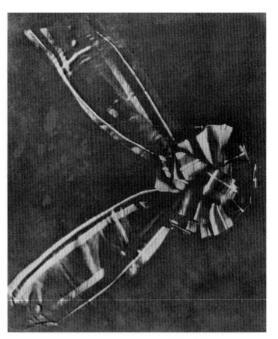

图 1.2.12 《苏格兰格子缎带》詹姆斯·马克斯维尔 / 摄（1861 年）

1.2.3 第三阶段：20 世纪至今

20 世纪初，相机的发展开始走向精细化，广告摄影、纪实摄影、新闻摄影等各门类的成熟化发展对相机产生了新的需求。

在 1910 年左右，德国人瓦伦丁·林哈夫（Valentin Linhof）设计的林哈夫相机（图 1.2.13）和俗称新闻机的格拉菲相机（图 1.2.14）先后问世。这两种相机一方面结合了早期的折叠机型，另一方面又具有了各自的特点。林哈夫是非常出色的专业级相机，它的特点是能全方位调整拍摄角度。而格拉菲更是 20 世纪 40 年代美国报刊记者的首选，它除了能调整拍摄角度以外，还带有一个标志性的闪光手柄。至今在很多反映 20 世纪 40 年代美国社会的影视作品中，我们依然能看到这两种相机的身影。

与此同时，双镜头反光板相机的发展日益成熟。这种相机的成像原理是上部的取景镜头接收影像，然后经由一面镜子反射到相机顶部的一片毛玻璃上，以便拍摄者取景对焦。这类相机最成熟的代表是 1928 年的禄来福莱双反相机（图 1.2.15），还有日本玛米亚公司（Mamiya）生产的 Mamiya 双反机型，号称"日本火车头"。它运用 120 胶卷，是一款全能的中画幅相机。系列中最成熟的 C330-S 双反相机诞生于 1983 年，可以更换镜头，并以配有 7 个镜头而著称。我国著名的双反品牌有红梅、海鸥等。双反相机的热潮一直持续到 20 世纪末。

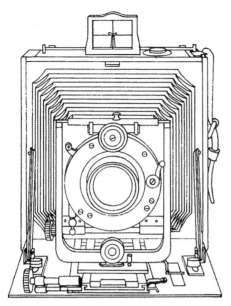

图 1.2.13 林哈夫相机（Linhof Camera）

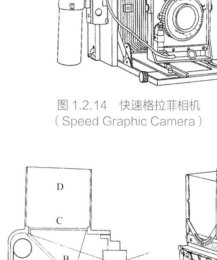

图 1.2.14 快速格拉菲相机
（Speed Graphic Camera）

单反相机在这一时期变得更加轻巧便携，并且加装了一个五棱镜，从此单镜头反光相机的镜头中影像不再是上下颠倒的状况了。第一款内置五棱镜相机是 1949 年德国的蔡司 - 依康公司推出的康泰时相机（图 1.2.16）。

在专业设备领域，还有一项重要发明就是 35mm 胶片相机。第一款 35mm 胶片相机是在 1925 年面世的，刚面世时很少人知晓，享誉世界经历了几十年的过程（图 1.2.17）。徕卡相机在低照度环境内也能取得良好的拍摄效果，卷片也非常方便、迅速，所以一面世就取得了令人吃惊的商业成功。

随着摄影器材日益精密、摄影技术不断发展，人们开始想要能够较快地看到拍摄出来的相片。1948 年，宝丽来相机（图 1.2.18）应运而生。将等大的一张相纸和一张负片连接在一起为一组，曝光后将这组相纸和底片抽出相机，在抽出的过程中，相纸外侧一个

图 1.2.15 禄来福莱双反相机（Rolleiflex Camera）

从上部的镜头（A）进入的光线，经过镜面（B）反射至毛玻璃对焦屏（C）上，同时有些相机在（D）位置会加装一块放大镜便于取景和对焦。胶片（E）通过下部的第二个镜头（F）来曝光。

图 1.2.16 康泰时相机（Contax S Camera）

11

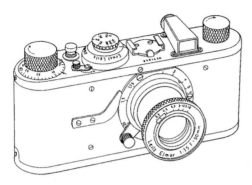

图 1.2.17 徕卡相机（Leica Camera）

装有显影药液的纸袋会通过滚轮的碾压均匀地将药液涂抹于相纸和底片之间。经过一定时间的显影，将相纸和负片揭开，相纸上就会形成清晰的图像。由于将相纸和负片揭开的过程很像撕开两张黏合在一起的纸，所以人们形象地将这种相纸与底片的组合称作撕拉片或者波拉片（"波拉"是宝丽来的英文"Polaroid"前四个字母的谐音）。使用这种胶片的相机由于配备了传统的风琴式皮腔而被亲切地称作风琴机。此后的很多年里，波拉片技术广受追捧，甚至到了今天，许多专业的胶片摄影师依然喜欢在拍摄胶片之前先拍摄一张波拉片样张，用以预估拍摄效果。宝丽来更为大众所熟知的是风琴机之后的电动吐片机型。相机通过相纸盒内的电池来带动。没有了底片，只有一张电动吐出的相纸。相纸四周包裹一圈白色塑料纸，在相片的底部，白色塑料纸区域比其他 3 个边要宽。这是因为显影药就装在这个位置。经过吐片过程中滚轮的碾压，药液被均匀地涂抹在相纸上，从而使我们得到一张从内部显影的一次成像照片。宝丽来对即时显影的贡献如此之大，以至于在宝丽来公司停产多年之后，大众依然习惯性地将富士公司生产的一次成像拍立得相机统称为宝丽来。

进入数字时代，计算机技术和数码相机颠覆了胶片时代的许多概念，人们可以在按下快门的下一秒就马上看到拍摄的影像，并且拍摄和存储的成本也大大降低了。这一飞跃一方面顺应了高速发展的社会生活需求，另一方面则加速了一些传统行业的消亡。宝丽来公司就在这股数码的洪潮中走向了停产的命运。人们不再需要精密的暗房工艺，电脑后期处理逐渐成为主流。互联网的发展使得摄影作品的传播更为便捷迅速。正如传统摄影术在其存在的 150 多年中所发生的变化一样，电子技术日新月异的发展必将为摄影师带来新的创作灵感。

1975 年是摄影史上一个重要的节点。在这一年，第一台数码相机诞生它由柯达公司研制，被称作"手持电子照相机"（图 1.2.19）。

这台相机的感光元件具备 1 万像素，拍摄一张黑白照片需要 20 多秒。它的存储介质是盒式录音带。当图像被记录下来以后，将录音带从相机上取下来，

图 1.2.18 第一代宝丽来相机

放入专业的播放设备上才能观看（图 1.2.20）。

1986 年，摄影行业的领导者柯达公司推出了第一款百万像素的传感器，具有 140 万个像素点。1981 年，日本索尼公司推出了世界上首台磁录像照相机玛维卡（Mavica）。1991 年，柯达推出第一个面向摄影记者的专业数码相机系统（DCS）。1998 年，富士胶片公司推出首款像素值达到百万级（150 万像素）的数码相机；同年，佳能与柯达公司合作开发了首款装有 LCD 监视器的 EOSD2000 型和 EOSD6000 型数码相机。1999 年被摄影行业称为 200 万像素年。由于技术的迅速普及，世界各大厂商在 2000 年前后生产了超过 100 种的数字相机，并投放到市场。

图 1.2.19 第一台数码相机

到今天为止，数码产品在短短 20 多年时间里取得了突飞猛进的发展。如今，许多手机都配备了千万像素的传感器。例如，诺基亚公司在 2013 年推出的 Lumia 1020 型手机（图 1.2.21），配备了 6 组卡尔蔡司认证的光学镜头、1/1.5 英寸的背照式 CMOS 传感器，理论像素达到 4100 万，几乎超越了市面上多数卡片式便携相机，可以算是数字科技发展到今天的里程碑式的产品。

图 1.2.20 第一台数码相机的成像

图 1.2.21 诺基亚公司 2013 年推出的摄影手机 Lumia 1020

  实践练习

1. 梳理摄影器材的发展阶段。

2. 上网搜索蓝晒印相法的简易教程，尝试自己制作蓝晒印相作品。

1.3.1 艺术摄影

摄影至今不足 200 年，但人们对这门艺术空前高涨的热情使其一路蓬勃发展。在艺术摄影领域形成了多种流派，比较具代表性的有绘画主义摄影、自然主义摄影、印象派摄影、纯粹派摄影、新即物主义摄影、达达派摄影、超现实主义摄影等。这些流派看似纷繁复杂，可以简单地概括为画意摄影时期、纯粹派摄影时期和多元化发展时期。

图 1.3.1 《伊肯斯学生在游泳潭取景地》
托马斯·伊肯斯 / 摄（1883 年）

1.3.1.1 画意摄影时期

画意摄影时期可以说是人们从绘画审美向摄影这种新兴的艺术形式过渡的时期，是艺术摄影的初级阶段。在这个阶段，绘画与摄影相互影响，摄影师们无法回避绘画艺术的审美窠臼，而画家们无论对摄影术是欢迎还是嗤之以鼻，都纷纷开始将摄影作为辅助工具来进行绘画创作（图 1.3.1 和图 1.3.2）。

图 1.3.2 《游泳潭》（油画） 托马斯·伊肯斯
（1885 年）

画意摄影时期主要出现了绘画主义摄影、自然主义摄影与印象派摄影几个分支。

绘画主义摄影产生于 19 世纪中叶的英国。1857 年，O.G. 雷兰德（1813—1875）创作了《两种生活方式》（图 1.3.3）。可以看出，这张照片带有浓厚的文艺复兴的

图 1.3.3 《两种生活方式》 雷兰德 / 摄（1857 年）

特点，摄影师仿照拉斐尔的绘画风格，运用极其复杂的技术手法拍摄了这幅作品。《两种生活方式》标志着绘画主义摄影艺术上的成熟。作者雷兰德也因此获得了"艺术摄影之父"的称号。

1889 年，法国的印象派绘画首次在英国举办了展览。同年，摄影家彼得·埃默森发表一篇抨击绘画主义摄影的论文——《自然主义的摄影》。这两件事是绘画主义摄影之后两个流派诞生的起点：自此，截然相悖的印象派摄影和自然主义摄影诞生了。

图 1.3.4 《收获》 彼得·埃默森 / 摄（1888 年）

自然主义派抨击绘画主义摄影是"支离破碎的摄影"，他们认为，自然是艺术的开始和终结，只有最接近自然、酷似自然的艺术，才是最高的艺术。自然主义摄影大师 A.L. 帕邱曾说："美术应该交给美术家去做，就我们摄影来说，并没有什么可借重美术的，应该从事独立性的创作。"尽管如此，自然主义摄影师们在艺术创作中还是或多或少地借鉴着传统绘画的素材。例如自然主义先锋彼得·埃默森拍摄于 1888 年的著名代表作《收

图 1.3.5 《达维尔的收割者》 于勒·巴斯迪恩·勒帕奇 / 创作（1879 年）

获》（图 1.3.4），就明显借鉴自画家于勒·巴斯迪恩·勒帕奇创作于 1879 年的蚀刻画《达维尔的收割者》（图 1.3.5）。

印象派绘画展影响了一批绘画主义摄影家。代表人物罗宾森提出了"软调摄影比尖锐摄影更优美"的审美标准，追求一种朦胧的美感。为此，摄影师们运用各种工具加工照片，以求达到绘画的效果。他们甚至放弃了成像较为清楚的镜头相机而改用针孔拍摄。著名的代表作是摄影师约翰·杜利·约翰斯顿 1906 年创作的《利物浦印象》（图 1.3.6），这幅作品浪漫柔和，采用树胶印象法，画面充斥着一种"惠斯勒式"的轻柔细腻。正因如此，一些评论家将印象派摄影称作"仿画派"，

图 1.3.6 《利物浦印象》约翰·杜利·约翰斯顿 / 摄（1906 年）

将它归类为绘画主义摄影的一个分支。

画意摄影到纯粹派摄影经历了一个过渡时期。在19世纪末20世纪初，艺术摄影组织在欧美纷纷涌现，包括：1891年的维也纳相机俱乐部，1894年伦敦成立的连环会，1894年在巴黎成立的摄影俱乐部，以及1902年纽约的摄影分离派。这些机构为摄影爱好者们提供了互相交流的平台和场所，举办各种展览，并且将摄影作品大力推向国际一流的画廊和大型艺术展。在这个短暂的时期内，成立于纽约的摄影分离派改变了艺术摄影以欧洲为中心的格局，向美国倾斜而来。而倡导自由民主的美国大陆相对于历史文化悠久的欧洲国家而言，更容易跳脱传统审美的桎梏，将镜头对准自然写实的题材。也就是在这一时期，画意摄影的美学准则渐渐淡化，而立足于摄影自体属性的表达方式逐渐占据了主导地位。摄影师们开始着力于摄影语言的开发。研究在写实的基础上如何表现更丰富的层次、更宽阔的影调、更清晰的成像等。这就是纯粹派摄影的表现风格。

1.3.1.2　纯粹派摄影时期

纯粹派摄影诞生于印象派与自然主义摄影之后，并在20世纪初发展成熟。纯粹派摄影结合了印象派与自然主义的优势：一方面，它强调摄影应该追求美感，而不是一味记录自然；

另一方面，应该保持独立性，不借助绘画方式，应该拓展摄影自身的特点，通过摄影技术手段来创作深刻的作品。纯粹派摄影的倡导者是美国摄影家斯蒂格里兹（1864—1946）。《太阳的光芒》（图1.3.7）是他比较有名的代表作之一，拍摄于1899年。从这幅作品中可以看出斯蒂格里兹对光线的解读能力尤为深厚，整幅作品以精确的构图、丰富的层次、明显的反差，共同刻画出一个静谧幽雅的场景。

纯粹派摄影在20世纪20年代之前的表现形式被称为"straight photography"，译作"即物摄影"或者"直接摄影""如实摄影"，指的是将底片上的影像直接洗成照片，不加以任何改动。20年代后，它发展为新即物主义摄影，又称"支配摄影"或者"新客观主义

图1.3.7　《太阳的光芒》　阿尔弗雷德·斯蒂格里兹/摄（1899年）

摄影"。在欧洲，伴随着第一次世界大战结束后的革命起义，新的审美理念在复杂的社会环境和意识流派中诞生。应用艺术被提到了前所未有的高度。德国包豪斯学派和德意志制造联盟等组织相继成立。这股重理性重应用的风潮对摄影艺术产生了极大的影响。新即物主义流派着重刻画细节与肌理，放大寻常事物的细节，从中提取出令人震撼的视觉效果。它一方面继承了纯粹派强调的对摄影自身特性的研究以及对纯审美性质的背离；另一方面，又由于对细部的着重刻画而成为了抽象主义摄影的开端。德国的艾伯特·伦格·帕奇和卡尔·布罗斯菲尔德是新即物主义流派的典型代表人物。前者擅长以近距离拍摄，对客观事物进行深入探索（图 1.3.8），以 1928 年出版的摄影集《世界是美丽的》为代表；后者醉心于刻画植物的根、茎、叶等自然形态之美（图 1.3.9），以 1929 年出版的摄影集《自然界的艺术形态》为代表。这两部著作是新即物主义流派的代表作。

图 1.3.8 《石莲花》 艾伯特·伦格·帕奇 / 摄（1922 年）

在纯粹派摄影发展历程中，F64 小组占据着重要的位置，它是 20 世纪 30 年代在美国成立的摄影团体，成员有爱德华·韦斯顿、安塞尔·亚当斯、伊莫金·坎宁安等摄影大师。该团体的创作理念是力图表达客观事物的真实面貌，重视清晰度，重视拍摄技术，提倡运用大画幅搭配小光圈来加强整个画面的清晰度，反对后期加工。其代表作有《贝壳》（图 1.3.10）、《约塞米蒂峡谷》（图 1.3.11）、《两朵马蹄莲》（图 1.3.12）等。F64 小组的成员都是这种创作理念的推广者，由他

图 1.3.9 《凤仙花短柄》 卡尔·布罗斯菲尔德 / 摄（1927 年）

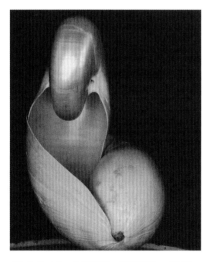

图 1.3.10 《贝壳》 爱德华·韦斯顿 / 摄（1927 年）

图 1.3.11 《约塞米蒂峡谷》 安塞尔·亚当斯 / 摄（1927 年）

图 1.3.12 《两朵马蹄莲》 伊莫金·坎宁安 / 摄（1929 年）

图 1.3.13 《沙德图像》
克里斯蒂安·沙德 / 摄
（1918 年）

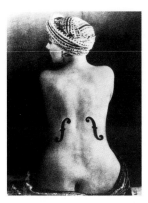

图 1.3.14 《安格尔的
小提琴》曼·雷 / 摄
（1924 年）

们所构建的富有哲理的摄影语言，至今被广大摄影师和摄影爱好者们奉为经典。

1.3.1.3　多元化发展时期

进入 20 世纪，摄影界艺术领域产生了种类繁多的"新视觉"，摄影审美理念受到构成主义、达达主义和超现实主义的影响，出现了照片拼贴、蒙太奇、物影图像、超距离特写等摄影表现手法。

1."达达派"摄影

达达派 20 世纪初，盛行于欧洲。"达达"源自法语，是儿童口语中指代"玩具马"的不规范用词。该派艺术家崇尚颠覆传统与理性的束缚，认为艺术应该是自由自在的戏谑。达达派艺术家主要通过大量的暗房工作对底片进行后期制作，将底片处理成虚幻的、令人难以理解的图像组合。德国艺术家、新客观主义绘画的代表人物克里斯蒂安·沙德在 1918 年将一堆废弃物随意组合并拍照，这幅摄影作品被达达主义的领袖特里斯坦·查拉命名为《沙德图像》（图 1.3.13）。

达达主义运动在纽约的先锋代表是美国人曼·雷，他最著名的作品《安格尔的小提琴》（图 1.3.14）是达达主义的巅峰之作。

虽然达达派很快就淹没在超现实主义风潮中，但是他们的艺术理

拓展阅读

"安格尔的小提琴"是一句法国谚语，出自法国新古典主义著名画家安格尔，他曾骄傲地表示自己的小提琴水平不亚于自己的绘画水平。谚语隐约暗含"不务正业"的讽刺意味。曼·雷让自己的女友仿照安格尔的油画《浴女》的造型坐好，然后通过二次曝光，将提琴的 f 孔与模特的背影巧妙地叠加在一起。这幅作品一方面挑衅了造型艺术史上安格尔的名画，表现出达达艺术的戏谑反叛精神；另一方面，小提琴与女性后背的线条组合柔美和谐，体现了作者巧妙的艺术构思，使得这幅作品至今广受好评。

《浴女》 安格尔 / 摄（1808 年）

念和表达方式影响至今。

2. 超现实主义摄影

超现实主义摄影兴起于 20 世纪 30 年代。虽然超现实主义摄影着重表达人类的情感、潜意识及梦幻题材，同时也运用大量的暗房技术进行后期制作，这些都可以看作对达达派摄影艺术的传承，但超现实主义秉持着较高的理论水平。优秀的人像摄影师菲利普·哈尔斯曼对超现实主义摄影做出了杰出贡献，这也部分归功于他的好友——超现实主义大师达利。二人合作拍摄了许多经典的作品，《原子的达利》（图 1.3.15）是其代表作之一。

图 1.3.15　《原子的达利》
菲利普·哈尔斯曼 / 摄（1948 年）

拓展阅读

达利和哈尔斯曼的另一著名代表作《红粉骷髅》被巧妙地应用于 1991 年拍摄的经典电影《沉默的羔羊》海报中。该海报在当代视觉艺术中占据重要地位，获得多项平面设计大奖。《红粉骷髅》运用了多重曝光手法，借助黑色幕布，对达利和 7 位模特分别进行曝光，最终形成了这幅作品。苏珊·桑塔格在其《论摄影》中说："照片能以最直接、最有效的方式煽动情绪。"《红粉骷髅》将生与死、美丽与丑陋、诱惑与抵御全部放在同一个画面内，而《沉默的羔羊》海报又将这组意象暗含在女主角嘴唇位置的飞蛾中。嘴唇暗含着剧中女主角身为警察替无声的受害者们发出声音，并突破自己同为女性的受害者视角而做出反抗的寓意；"红粉骷髅"嵌于飞蛾内则象征着女主角最终突破恐惧，化蛹成蝶的华丽蜕变。

《红粉骷髅》　菲利普·哈尔斯曼

《沉默的羔羊》电影海报

1.3.2 纪实摄影

1.3.2.1 纪实摄影的萌芽

图 1.3.16 《拿破仑过阿尔卑斯山》（油画） 雅克·路易斯·大卫

图 1.3.17 《圆明园被大火烧毁的入口》托马斯·柴尔德 / 摄（1860 年）

图 1.3.18 《自由女神雕像建设车间》 阿尔伯特·费尔尼克 / 摄（1880 年）

图 1.3.19 《建设中的布鲁克林大桥》 佚名 / 摄（1878 年）

图 1.3.20 《运输中的巴伐利亚雕像》 阿洛伊斯·勒赫尔 / 摄（1850 年）

早在摄影术还未诞生的1800年，第二次反法同盟战争期间，拿破仑率领一支军队奇迹般地翻越了阿尔卑斯山，击败了奥地利人。这在当时是轰动整个欧洲大陆的新闻，人们急切地期盼看到拿破仑的英姿。一年之后，油画名作《拿破仑过阿尔卑斯山》（图1.3.16）才创作完成。类似这样"图像远远落后于时事"的例子不胜枚举。从这个角度来看，在摄影术发明之前，社会就呼唤着能够迅速记录时事影像的技术。可以说，几乎是在摄影术被发明出来的那一天起，它就被赋予了纪实的功能。

在摄影术诞生之初，人们就利用它来记录考古遗址、时事、战争。图1.3.17 ~ 图1.3.20 所示作品都是最早期的纪实摄影。

随着摄影术的日益成熟，照片逐渐成为了记录时事的典范。而纪实摄影的发展历程与很多国家19世纪中期工业化变革的过程是重叠的。工业化发展一方面促进了摄影技术的发展，一方面又为纪实摄影提供了源源不断的素材。

摄影师们带着尚不成熟的器材周游各地，拍摄异国他乡的风土人情。苏格兰的约翰·汤姆逊（John Thompson）是早期非常有代表性的纪实摄影师。他带着摄影器材来到东方，在柬埔寨生活了几年，然后来到中国，创作了非常著名的摄影集《中国与中国人影像》。

这套摄影集中记录的既有达官显贵，也有贩夫走卒；同时对缫丝、识银、制茶、婚丧喜庆等中国制造工艺及当时的社会百态也有生动的刻画（图 1.3.21），堪称中国最早的全景式影像记录。这套影集入选了世界摄影史 100 部最重要的画册。中文版《中国与中国人影像》如图 1.3.22 所示。离开中国后，约翰·汤姆逊来到伦敦，经过一段时期的拍摄，发表了他的另一代表作——《伦敦市井》摄影集，在欧洲引起了极大的反响。

图 1.3.21 《老妪》
约翰·汤姆逊 / 摄

图 1.3.22　中文版《中国
与中国人影像》

在政治因素的驱动下，摄影很快渗入到战争纪实中来。摄影师罗杰·芬顿（Roger Fenton）拍摄的克里米亚战争题材是摄影史上首次对战争实景的记录。虽然由于感光材料的速度慢，不可能拍摄战争的动态场面，只能拍摄些军官们的武装人像、各种战争物资以及战前和战后的战地情景，但当罗杰·芬顿的系列作品（图 1.3.23）在伦敦和巴黎展出时，仍得到人们的赞赏。

美国南北战争是首场被摄影全面记录下来的战争。摄影师马修·布雷迪 （Mathew Brady）组织了近 20 人的拍摄队伍，用了 4 年时间对美国内战作了广泛的摄影纪实（图 1.3.24），拍下了近万张底片，而今已成为美国最为宝贵的文献性图像史料。

图 1.3.23 《激战之后的第 28 团陆军中校哈拉韦尔》罗杰·芬顿 / 摄

图 1.3.24 《詹姆士河上的补给线卸载物资》
马修·布雷迪或其助手 / 摄（1861 年）

拓展阅读 ⊙

罗杰·芬顿与马修·布雷迪

罗杰·芬顿被称作"绅士摄影师"。他家境优裕，但他对家族的银行生意毫无兴趣，而对摄影始终保持浓厚的兴趣。在研究了一段时间的卡罗式摄影法之后，罗杰·芬顿与几位朋友一起成立卡罗摄影法俱乐部，随着俱乐部的发展，他得到了维多利亚女王的资助，并于1853年推动成立伦敦摄影协会，即后来的英国皇家摄影协会。他另外一项重要的工作就是受雇于大英博物馆，拍摄馆内的古典艺术品。在克里米亚战争结束后，他依然从事着艺术品拍摄的工作。当他发现摄影渐渐朝着商业化发展之后，对这门艺术的前景感到非常担忧，于1862年突然放弃了摄影，卖掉了自己的所有器材，继续从事最初的律师工作。

马修·布雷迪有着与罗杰·芬顿截然相反的人生轨迹。马修·布雷迪出生在一个贫穷的爱尔兰农民家庭。机缘巧合之下，他跟随一位摄影师学习达盖尔摄影法。1844年前后，他在纽约开设了自己的肖像工作室，很快就凭借高超的技艺和精明的头脑成为当时最有影响力的肖像摄影师。美国内战爆发后，他培训了一批战地摄影师，并把他们送往前线。布雷迪计划在战后将这批战争题材的作品送往市场销售。但是内战结束后，美国经济陷入衰退，战争项目负债累累，肖像工作室门庭冷落。直到1871年，大约5000张底片被美国政府低价收购。多年以后，穷困潦倒的布雷迪由于这批作品的历史价值而获得嘉奖，得到了25000美元的奖金。

1.3.2.2 早期的社会纪实摄影

19世纪70年代，工业革命以后，随着资本主义制度的发展，欧美各国的贫富差距增大，社会问题也越来越突出。一些关心时事的摄影师开始用摄影来揭露社会问题。欧美各国的新闻报道事业蓬勃发展，更高的感光度和闪光灯的发明都对纪实摄影的发展有很大的促进。代表人物有雅各布·里斯（Lewis Wickes Hine）、尤金·阿特盖特（Eugene Atget）、埃里奇·萨洛蒙（Erich Salomon）、路易斯·W.海因（Lewis Wickes Hine）等。

1. 纪实运动

纪实运动（Farm Security Administration）是指美国农业安全局聘请了30多位摄影师在

1935—1943 年期间对全美饥荒进行调研拍摄。这是一次有组织、有计划的纪实摄影活动。20 世纪 30 年代是美国灾难性的年代，从 1932—1937 年的 5 年间，美国中部的广大农业地区连年干旱，造成中部几个州的严重灾荒，数以万计的农民不得不背井离乡，四处逃难。更不幸的是，城市也正处在经济大萧条时期，银行破产、商店关门、工厂倒闭、工人失业……这种情况无疑加深了农业灾荒的严重性。农业局组织的这次活动，前后历时 8 年，拍摄了 25 万张底片，是摄影史上著名的一次纪实摄影实践。亚瑟·罗斯坦拍摄的《锡马隆县的沙尘暴》（图 1.3.25）是这次纪实摄影活动中拍摄的代表作之一。

图 1.3.25 《锡马隆县的沙尘暴》
亚瑟·罗斯坦 / 摄（1937 年）

2.《生活》杂志

《生活》杂志由亨利·鲁滨逊·卢斯于 1936 年在美国创办，是世界上最有影响、发行量最大的图片报道杂志，代表着新闻报道摄影史上的一代辉煌。《生活》杂志成功的原因有两个：一是在办刊风格上，重视编辑的作用，强调整体概念，其中采用组照的报道形式（Photo Essay "摄影文章"）是《生活》杂志的一大特色，至今仍是摄影报道的主要方式，这得益于对德国新闻报道摄影经验和 FSA 纪实手法的综合借鉴；二是《生活》杂志拥有众多最优秀的新闻报道摄影家，《生活》为他们提供了施展身手的天地，他们也以各自的智慧和才华，摄取下令人难以忘怀的历史瞬间，而使《生活》成为举世闻名的摄影杂志。《生活》杂志著名的摄影师有玛格丽特·伯克·怀特（Margaret Bourke White）、新闻摄影之父艾尔弗雷德·爱森斯塔特（Alfred Eisensteadt）、尤金·史密斯（Eugene Smith）、安德烈·费宁格（Andreas Feininger）等，有名的作品有《两位妇女》（图 1.3.26）、《胜利之吻》（图 1.3.27）等。

图 1.3.26 《两位妇女》
玛格丽特·伯克·怀特 /
摄（1936 年）

3. 玛格南图片社（Magnum Photos）

玛格南图片社是国际性的新闻图片社，也是世界上第一个图片合作社。1946 年成立于法国巴黎，发起人有卡蒂埃·布勒松、罗伯特·卡

图 1.3.27 《胜利之吻》
艾尔弗雷德·爱森斯塔特
/ 摄（1945 年）

帕、戴维·西摩、乔治·罗杰等人。

长期以来，卡蒂埃·布勒松一直被认为是世界上最著名的摄影家之一。从 20 世纪 30 年代以来，他的"决定性瞬间"（即揭示事物本质的一刹那）的美学理论，以及他对"安排的"照片和摆布的环境的厌恶给摄影师很大的影响。他认为，摄影师必须同环境融为一体，这样才能不影响被摄对象的行为。他曾说："我从一些早期的电影中学会了观察。首先，我渴望用一张照片去捕捉正展现在我眼前的某种局势的全部本质……拍照意味着记录——同时如何在若干分之一秒内纪录——事实本身和视觉看到的形式的严密组织，而形式将赋予它意义。这是把人们的头、眼睛和心置于同一轴线上。"

《柏林墙边》（图 1.3.28）和《男孩》（图 1.3.29）为布勒松的代表性作品。

图 1.3.28 《柏林墙边》 卡蒂埃·布勒松 / 摄
（1968 年）

图 1.3.29 《男孩》 卡蒂埃·布勒松 / 摄

 实践练习

1. 上网搜索并观看 BBC 六集纪录片《摄影演义》，这部优秀的纪录片对我们学习摄影史有很大帮助。

2. 梳理本节内容，区分艺术流派与纪实流派，查阅相关资料寻找文中提到的著名摄影师的代表作，并结合历史背景加以分析。

单元 2　数字照相机的使用

2.1　数字照相机的工作原理

数字照相机，又名数码相机，是一种利用电子传感器把光学影像转换成电子数据的照相机。

2.1.1　数字摄影的光学原理

数字照相机由镜头、CCD 或 CMOS、A/D（模 / 数转换器）、MPU（微处理器）、内置存储器、LCD（液晶显示器）、存储卡（可移动存储器）和接口（音频视频接口、HDMI 接口、麦克风接口和 USB 接口）等部分组成。

数字照相机以采集光线为基础，并把这些光线发送给相机内部的影像传感器产生电信号，传感器收集后统一送到 A/D，并转换为数字信号输出到 MPU。在 MPU 中，图像数据被进行白平衡处理、色彩校正等用户设定数据来后期处理，再按照图像格式和分辨率等作为图像文件写入到存储卡上。

在数码单反相机的工作系统中，光线透过镜头到达反光镜后，折射到上面的对焦屏并形成影像，透过接目镜和五棱镜，可以在观景窗中看到外面的景物（图 2.1.1）。

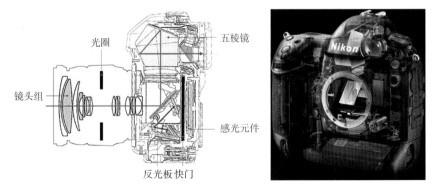

图 2.1.1　数字照相机的内部构造

数字照相机的工作原理是：当按下快门时，镜头将光线会聚到感光器件 CCD 或 CMOS 芯片上（它的功能是把光信号转变为电信号），这样就得到了对应于拍摄景物的电子图像，但是它还不能马上被送至计算机进行处理，还需要按照计算机的要求进行从模拟信号到数字信号的转换，A/D（模数转换器）器件用来执行这项工作。接下来，MPU（微处理器）对数字信号进行压缩并转化为特定的图像格式，例如 RAW 格式。最后，图像文件被存储在内置存储器中（图 2.1.2）。至此，数码相机的主要工作已经完成，剩下要做的是通过 LCD（液晶显示器）查看拍摄到的照片。当然，照片还可以通过接口连接到计算机或电视机上查看。

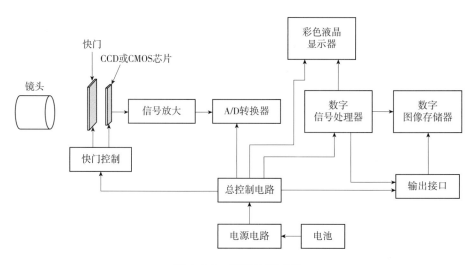

图 2.1.2　图像处理过程

2.1.2　数字照相机如何存储影像

图像文件格式存储路线有以下两种。

（1）以 JPEG 格式记录时，相机内的流程是：相机记录 RAW 文件 → RAW 文件按相机内的程序（优化校准程序）进行处理 → 得到可以观看的 JPEG 文件 → 删除之前的 RAW 文件 → 通过相机显示屏看到留下的 JPEG 文件。复制到计算机中仍然看到这些 JPEG 文件。

（2）以 RAW 格式记录时，相机内的流程是：相机记录 RAW 文件 → RAW 文件按相机内的程序（优化校准程序）进行处理，得到的 JPEG 文件仅供在相机显示屏上观看 → 存储卡保留 RAW 文件。复制到计算机后需要用 Adobe Lightroom 软件或者相机自带的图像软件打开。

使用数码单反相机，我们通常要与 3 种图像文件格式打交道：JPEG、RAW 和 TIFF。而普通消费类产品，没有五棱镜和反光板的千元左右相机。仅仅支持 JPEG 一种格式而已。那么，三者究竟有什么区别，又该怎么使用呢？

JPEG格式是目前应用最广泛的文件格式，文件后缀名为.jpg，这是一种有损失的压缩格式，数码单反相机拍摄的JPEG图像，是经过相机内部的各种处理（亮度、对比度、饱和度和白平衡）而得到的最后"结果"，使用非常简便，但是尽管JPEG已经能提供相当好的图像质量，但仍然是一种压缩格式，另外JPEG的后期处理空间相对有限，所以JPEG还不能应付最苛刻的条件。

RAW 的意思是"原始数据格式"，它包含的是相机的感光元件（CCD 或者 CMOS）的最初感光数据，没有经过相机的任何处理。RAW 文件有什么优势？可以这么理解：如果拍照的过程是做一道菜，RAW 文件中的那些原始数据就是做菜的原料，相机直接给出 JPEG 格式的图片，意味着用较短的时间提供一道"快餐"，而使用 RAW 文件，意味着你可以把这些原料保存下来，交给一位"大厨"，他可以用更多的时间对其精雕细琢。这样，出来的味道自然不同。并且，随着后期软件的不断升级，RAW 文件最终的出片效果还有提高的可能。

由于 RAW 非常的"原始"，所以不同品牌、不同型号的数码单反相机的文件格式几乎不通用，需要有专用的软件才能处理，例如佳能的 Digital Photo Professional、尼康的 Nikon Capture NX 以及一些通用软件（例如 Adobe Photoshop CS2 等）。由于互不兼容，所以文件后缀名也是多种多样的，例如佳能的 CRW、CR2，尼康的 NEF 和索尼的 ARW 等。RAW 还有一个优势是：后期对图像做各种调整，不会损失图像质量。而对 JPEG 格式文件做后期调整，在压缩的基础上继续压缩，只能造成更多的损失。

除了 JPEG 格式和 RAW 格式以外，还有一种 TIFF 格式，文件后缀名为 TIF。对数码单反相机而言，TIFF 扮演的角色是 RAW 文件的最终处理结果。也就是说，RAW 文件经过处理，最终转化而成的就是 TIFF 文件。TIFF 文件的优点是：① TIFF 是所有图像处理软件都支持的一种格式，应用广泛；②它是一种不压缩的格式，可以最大限度地保证画面的质量。

从 RAW 转化到 TIFF，整个过程是无损的，这也是最大限度地发挥数码单反相机成像质量优势的终极办法。当然，RAW 也可以转化为JPEG 文件，只是这样就失去使用RAW 的意义了，因为有损压缩将使 RAW 的价值大打折扣。

实践练习

1. 了解数字照相机的光学原理。

2. 熟知图像文件格式存储过程。

2.2 数字照相机的结构

现代的数字照相机可分为机身和镜头两大部分。

2.2.1 机身

机身（图 2.2.1）包括机壳、镜头连接环、取景系统、快门系统、影像处理系统、电源、按钮和外接设备接口 8 个部分。

2.2.1.1 机壳

数字照相机的机壳是使用金属或优质塑料制成的一个暗箱，内部装载相机的各个部件，并将这些部件紧密地连接成一个整体，外部安置各种操作按钮（图 2.2.2）。

图 2.2.1 机身正面与背面　　　　图 2.2.2 机壳

2.2.1.2 镜头连接环

镜头连接环，也称作"卡口"（图 2.2.3）。数码单反相机的机身与镜头是可以分开的，镜头连接环就是起到把机身和镜头牢固地连接在一起的作用。目前，各种相机的镜头连接环都不一样。

图 2.2.3 卡口

表 2.2.1 是常用相机镜头卡口的代号。

表 2.2.1 常用相机镜头卡口代号

厂　　家	单反卡口代号	无反镜头卡口代号
尼康	F、AI、AF	1尼克尔卡口
佳能	FD、EF（自动）	EF-M
索尼	α	α、E
奥林巴斯	OM 4/3 E 系统	4/3卡口
宾得	K（PK）、KA、KAF、KAF2	Q

2.2.1.3　取景系统

1. 光学取景

数码单反相机的光学取景系统包括：反光板、五棱镜和目镜（图 2.2.4）。非单反相机则使用电子旁轴平行取景器，使用这种取景器的目镜所看到的图像景物与光线通过镜头进入机身所得到的图像景物略有差别，这种差别称为视差。单反相机的取景系统无此种视差。

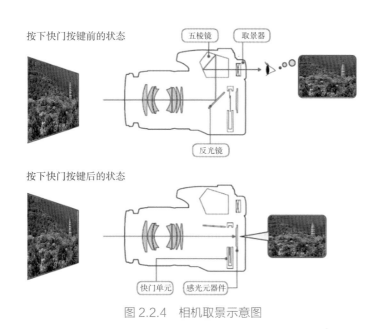

图 2.2.4　相机取景示意图

光学取景的优点在于：眼眶可以靠在取景器上，取景时动作幅度小，有利于持稳相机；光学取景器不用电，相机省电；直接通过光学取景，不会有电子取景器的反应时间；在不通电的情况下也可以使用光学取景器进行构图。

光学取景的缺点是：取景范围与镜头的实际拍摄范围有视差，即所见并不一定就是所得，拍摄远距离景物时，误差较小可以忽略不计，但近距离拍摄，取景视差就大了，而且拍摄距离越近，视差就越大；在光线不足的地方不能良好地观察被射物体及环境；无法看到图像最终效果。

2. 液晶显示器取景

有些相机只有光学取景系统而没有液晶显示器取景系统（图 2.2.5），也有只有液晶显示器取景而无光学取景系统，也有两种取景系统都有。

图 2.2.5　液晶显示器取景

3. 电子取景器取景

电子取景器（图 2.2.6）就是把一块微型 LCD 放在取景器内部，由于有机身和眼罩的遮挡，外界光线照不到这块微型 LCD 上，也就不会对其显示造成不利影响。电子取景器的主要功能

是用于数码相机和数码摄像机拍摄时观看所拍摄的景物，即取景（图 2.2.7）。它的优点是：通过一组取景目镜来观察 LCD，有一定的放大倍数；可以显示相关的参数；可以直观地看到调节参数后的效果；阳光刺眼的情况下，可辅助使用。

图 2.2.6　电子取景器

图 2.2.7　电子取景器取景

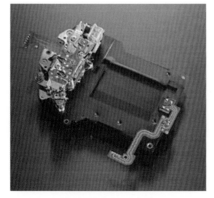

图 2.2.8　快门

电子取景器的缺点是：显示质量与单反相机的取景器有所差别；由于分辨率较低，图像的色彩不如被摄物本身那样鲜艳、细腻，显得较粗糙和有颗粒感；耗电量比较大，会大幅地降低相机的续航能力。

2.2.1.4　快门系统

快门（图 2.2.8）是控制光线通过镜头进入机身的一个装置，包括快门按钮和快门卷帘。大部分单反相机是采用电子控制纵走式帘布快门。

2.2.1.5　影像处理系统

影像处理系统主要是指相机的数据转化系统和储存系统，如光电转换器（CCD、CMOS）、模/数转换器（A/D）、微处理器（MPU）、内存储器和存储卡，并涵盖硬件和软件。相机的数字图像处理器如图2.2.9所示。数据转化系统中的光电转换器是该系统的重点部分，将在后面单独讲述。

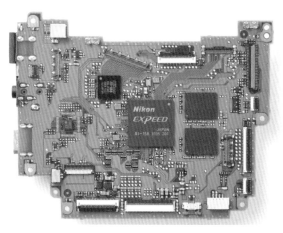

图 2.2.9　数字图像处理器

2.2.1.6　电源

相机的电源主要是内置电池（图 2.2.10）和外置电源接口等。

2.2.1.7　按钮

按钮是常用的操控设置，如拍摄类、回放类的按钮。目的是便于简化操作程序。相机按钮分布如图 2.2.11 所示。

图 2.2.10　内置电池

相机正面

相机背面

图 2.2.11　相机按钮分布图

2.2.1.8　外接设备接口

外接设备接口主要是相机与外部设备的连接接口（图 2.2.12），如 USB 接口、热靴、AV 端子以及各种插槽。

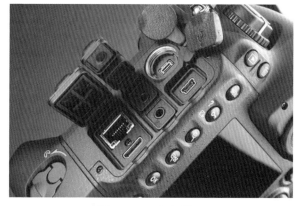

图 2.2.12　相机接口

2.2.2　镜头

镜头是相机的重要组成部分，由一系列光学镜片组成，是影响照片质量的重要因素。

2.2.2.1　镜头的种类

数字照相机的镜头种类很多，根据结构和用途，可以分为：定焦镜头与变焦镜头；手动对焦与自动对焦镜头；数码镜头。

1. 定焦镜头与变焦镜头

最早的镜头，焦距都是固定不变的，其优点是成像质量高、最大光圈比较大、取景器亮，缺点是多支镜头才能满足拍摄需要。

变焦镜头是可以连续改变焦距的镜头，其优点是一支替代了多支定焦镜头、携带与操作方便、可以在按下快门的同时迅速改变焦距、可获得爆炸效果的图片。

数字单反相机常见的变焦镜头有：

广角变焦：14~24mm、16~35mm、17~35mm等。

标准变焦：24~70mm、28~70mm。

长焦变焦：70~200mm、80~200mm、100~300mm。

高倍变焦：18~200mm、28~300mm等。

2. 手动对焦与自动对焦镜头

目前市场上销售的镜头基本是带有马达的自动镜头。在尼康的新型镜头中，镜头型号名称中带有"S"字母标记；在佳能的EF镜头中带有"USM"标记。

3. 数码镜头

随着数字照相机的发展，镜头也在不断地进步和改善，尤其是APS尺寸的感光元器件的运用，催生了数码镜头。厂商首先推出了镜头焦距更短、视角更广的超广角镜头，用以扩充因图像传感器变小而实际焦距延长的超广角焦段；其次使用了更加先进的技术——有效减轻晕影、色散的特殊涂层，确保高质量的图像。

2.2.2.2　镜头的光学参数

镜头的光学特征各不相同，其主要特征有以下3个。

1. 镜头的焦距

焦距是透镜中心到焦点的距离，通常是指凸透镜对远距离景物成像后，从透镜中心到聚焦后的清晰影像之间的距离。各种相机镜头的标准焦距段见表2.2.2。

表 2.2.2　各种相机镜头的标准焦距段

相　　机	画幅尺寸	镜头焦距/mm
135相机	24mm × 36mm	45~50
120相机	6cm × 4.5cm	75
120相机	6cm × 6cm	75~80
120相机	6cm × 9cm	100
大型座机	4in × 5in	150
大型座机	8in × 10in	300

小贴士

1in（英寸）=16mm（数码感应器）；1in（英寸）=2.54cm。

镜头的焦距以毫米为单位。变焦镜头结构复杂，体积略大。一般焦距越长，镜头的筒身越长；焦距越短，镜头也就越小巧。

2. 镜头的视角

镜头的主要功能就是清晰成像。在 CCD 或 CMOS 上清晰成像的范围称为视场，从视场的边缘到镜头后节点所构成的夹角就是视角。

对于相同的成像面积，镜头焦距越短，其视角就越大。对于镜头来说，视角主要是指它可以实现的视角范围，当焦距变短时，视角就变大了，可以拍出更宽的范围，但这样会影响较远拍摄对象的清晰度。当焦距变长时，视角就变小了，可以使较远的物体变得清晰，但是能够拍摄的宽度范围就变窄了。全画幅相机各焦距段的视角见表 2.2.3。

表 2.2.3　全画幅相机各焦距段的视角

焦距/mm	8	14	20	24	28	35	50	60	85
视角/（°）	180	114	94	84	75	63	47	34	28
焦距/mm	105	135	200	300	400	500	600	800	1000
视角/（°）	23	18.2	12.3	8	6	5	4	3	1.5

相对于 35mm 全画幅相机而言，各焦距段的镜头名称和特点见表 2.2.4。

表 2.2.4　镜头名称的焦距和特点

镜头名称	焦距/mm	特　　点
圆形鱼眼镜头	7、8	景深广阔、影像呈圆形
矩形鱼眼镜头	15、16	景深长、透视强烈、极具感染力、矩形变形影像
超广角镜头	14~24	拍摄范围广、透视感强、影像易夸张变形
广角镜头	28	景深大、前后透视改变、比例夸张、近大远小
准广角镜头	35	接近人眼视觉，反映画面主体和环境真实自然
标准镜头	45~50	视觉比例正常、真实再现、缺乏视觉冲击力
中焦镜头	60~135	画面真实自然，有轻微透视压缩感
长焦镜头	180~300	景深短、主体突出、前后景物之间的透视改变
远摄镜头	400~600	超短的景深，画面生动有趣，缺乏立体感
超远镜头	≥800	视角小、景深短，适合局部细节的表现

3. 镜头的有效口径、相对口径

镜头的有效口径，也称"孔径"或"口径"，是指镜头的最大进光孔，即镜头的最大光圈。镜头的相对口径用最大孔径值与镜头焦距的比值（F 值）表示。如一支镜头最大进光孔的直径为 35mm，镜头的焦距为 50mm，则该镜头的有效口径为 1 : 1.4，此支镜头上会标明 F1.4。由此可以看出，镜头口径越大，进光量越多，系数越小。

为什么许多专业摄影师追逐大口径的镜头？首先大口径的镜头可以提高快门速度，因而可以方便拍摄动态图像，同时也可以在比较昏暗的光线下使用，还可以营造小的景深，得到特殊的艺术效果。

相对口径又称"光圈"，是由若干金属薄片组成的位于镜头内的可以调节进光孔大小的装置。

通用的镜头 F 系数标记：1、1.4、2、2.8、4、5.6、8、11、16、22、32（图 2.2.13）。

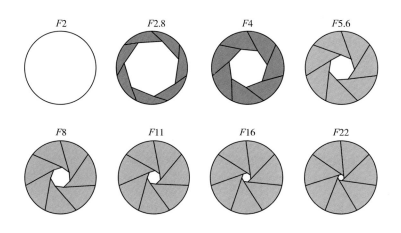

图 2.2.13　光圈大小

光圈的主要作用有以下 3 点：①与快门一起构成曝光组合，控制曝光量的多少；②与焦距和摄距一起控制景深长短，其中：小光圈 + 短焦距 + 远摄距 = 长景深；③控制镜头的像差。相对其他光圈，选择最大光圈收缩两三档成像质量会更好。常规镜头的最佳光圈一般在 F8 及其上下两档。

2.2.3　感光元件

感光元件是数字照相机的核心，也是最关键的技术。数字照相机的发展与感光元件的发展息息相关。数字照相机的核心成像部件有两种：一种是广泛使用的 CCD（电荷耦合）元件；另一种是 CMOS（互补金属氧化物导体）器件（图 2.2.14）。CCD 与 CMOS 的对比见表 2.2.5。

与传统相机相比，传统相机使用胶卷作为其记录信息的载体，而数字照相机的"胶卷"

就是其成像感光元件，感光元件就是数字照相机的不用更换的"胶卷"，而且它与相机一体，所以被称为数字照相机的"心脏"。

CCD　　　　　　　　　　CMOS

图 2.2.14　数字照相机的核心成像部件

表 2.2.5　CCD 与 CMOS 对比表

项目	CCD	CMOS
设计技术	单一感光器	感光器连接放大器
灵敏度	较高	低
成本	受线路品质影响，成本高	CMOS整合集成，成本低
解析度	高	新CMOS技术具有极高的解析度
噪点比	单一放大，噪点低	百万放大，噪点高
功耗比	需外加电压，功耗高	直接放大，功耗低
信息读取方式	需外部电路控制，较复杂	直接读取电流信号，简单
速度	慢	速度是CCD的10倍以上

小贴士

感光元件的发展

　　1969 年，美国贝尔研究室所的鲍尔和史密斯开发了 CCD 影像传感器。20 世纪 80 年代，经科研人员持续不断的研发，CCD 的缺陷得以克服，高分辨率且高品质的 CCD 面市。到了 90 年代，百万像素的高分辨率 CCD 问世，此后 CCD 的发展更是突飞猛进，CCD 的单位面积也越来越小。为了在 CCD 面积减小的同时提高图像的成像质量，索尼于 1989 年开发出了 SUPER HAD CCD，这种新的感光元件是在 CCD 面积减小的情况下，依靠 CCD 组件内部放大器的放大倍率提升成像质量。以后相继出现了 NEW STRUCTURE CCD、EXVIEW HAD CCD、四色滤光技术（专为 SONY F828 所应用），而富士数字照相机则采用了 Super CCD（超级 CCD）、Super CCD SR。

2.2.4 影响感光元件的因素

对于数字照相机来说，影像感光元件成像的因素主要有两个方面：一是感光元件的面积；二是感光元件的色彩深度。

感光元件面积越大，成像较大，相同条件下，捕获的光子越多，感光性越好，能记录更多的图像细节，各像素间的干扰也小，成像质量越好。但随着数码相机向时尚小巧化的方向发展，感光元件的面积也只能是越来越小。

色彩深度，也就是色彩位，就是用多少位的二进制数字来记录色光三种原色。非专业型数字照相机的感光元件一般是 24 位的，高档点的采样时是 30 位，而记录时仍然是 24 位，专业型数字照相机的成像器件至少是 36 位的，据说已经有了 48 位的 CCD。对于 24 位的器件而言，感光单元能记录的光亮度值最多有 256 级，每一种原色用一个 8 位的二进制数字来表示，最多能记录的色彩约 1677 万种。对于 36 位的器件而言，感光单元能记录的光亮度值最多有 4096 级，每一种原色用一个 12 位的二进制数字来表示，最多能记录的色彩约 68.7 亿种。举例来说，如果某一被摄体，最亮部位的亮度是最暗部位亮度的 400 倍，用使用 24 位感光元件的数字照相机来拍摄的话，如果按低光部位曝光，则凡是亮度高于 256 倍的部位，均曝光过度，层次损失，形成亮斑，如果按高光部位来曝光，则某一亮度以下的部位全部曝光不足。如果用使用了 36 位感光元件的专业数字照相机，就不会有这样的问题。

实践练习

1. 了解数字照相机的结构和卡口。

2. 熟知镜头各个焦距段的特点。

3. 了解 CCD 与 CMOS 的异同。

2.3 数字照相机的种类

在划分数字照相机的种类之前，首先对整个照相机庞大的家族做一个简介。

照相机按感光材质划分，可分为胶片相机和数字相机。这两种相机在取景、曝光、成像方式与储存方式等方面都有质的区别。目前一些顶级的商业摄影和广告摄影仍然使用胶片相机，因为其画质细腻，宽容度高。但对大部分摄影师来说，多次购买胶片的费用较高，而且冲洗程序要比数字后期处理烦琐，所以随着科技的进步与发展，目前市面上的主流相机是数字照相机，它的特点是使用便捷；从成像到存储全线数字化；减少耗材成本；马上就能看到拍摄的图像；在有限的快门寿命内，可以无限拍摄。数字照相机可按画幅、产品类型和用途等分类。

2.3.1　按照画幅分类

数字照相机按照画幅分类，可分为：大画幅、中画幅、全画幅、APS-C 画幅、4/3 画幅、小型传感器。

从理论上说，画幅越大，画质越好，但是成本也会相应地增加。购买相机之前，我们通常会看相机参数。而商家的宣传广告几乎都在强调像素的高低，这误导很多人以为像素越高，画质越清楚，实际上传感器的大小也是购买相机的一个重要参考项。传感器的尺寸不够大，再高的像素也只是理论数值。

大画幅的数字相机造价非常昂贵，基本已经超出民用和商用的范围，目前基本只用于高端航天科技领域。多数大画幅摄影师们依然使用胶片相机进行创作。在目前的数字照相机市场上，中画幅可以说是画幅最大的一类，其价格不菲，仅用于高端商业广告拍摄。目前民用数字照相机中最好的、专业摄影师最爱使用的是全画幅数字照相机（图2.3.1）。

图 2.3.1　佳能数码单反 EOS5D SR

说到 APS-C 画幅，首先要介绍 APS 系统。而要认识 APS 系统，则要了解 135 胶卷。

在数字照相机诞生之前的末代胶片相机所使用的、能拍摄 36 张相片的胶卷，就是 135 胶卷。19 世纪 20 年代，德国研制出可使用用于拍摄电影的 35mm 胶片（36mm×24mm）的徕卡照相机后，35mm 胶卷被称为"徕卡卷"。后来世界各地的照相机厂商生产了越来越多的适配 35mm 胶片的照相机品种，"徕卡卷"这一称呼就不适用了，于是就按胶卷的宽度改称为"35mm 胶片"。35mm 指的是胶卷的高度为 35mm，由于上下两端有齿孔，所以有效高度为 24mm，这种胶片的单幅图像感光面积为 24mm×36mm。50 年代后，为了区分 35mm 电影胶片和照相机用的 35mm 散装胶卷，在胶卷盒上印上了 135 的代号。135 中的"1"指的是一次性暗盒，135 胶卷的完整定义是："采用一次性暗盒的 35mm 胶片。"从此，35mm 胶卷被称为 135 胶卷，人们把使用 135 胶卷拍摄的相机称为 135 相机。常见的 135 胶卷的片基厚度为 0.135mm。

APS 全称为 Advance Photo System，是 1996 年由富士、柯达、佳能、美能达、尼康 5 大公司联合开发的胶卷系统。APS 开发商在原 135 胶卷规格的基础上进行了彻底改进，在相机、感光材料、冲印设备以及相关的配套产品上都全面创新，大幅度缩小了胶片尺寸，使用了新的智能暗盒设计，并融入了当代的数字技术，使 APS 成为能记录光学信息、数码信息的智能型胶卷。APS 针对业余摄影师和家庭消费市场，设计了 H 型、C 型和 P 型 3 种底片画幅。

H 型是满画幅（30.3mm×16.6mm），长宽比为 16：9；C 型是在满画幅的左右两头各挡去一端，长宽比为 3：2（24.9mm×16.6mm），与 135 胶卷的长宽比相同，其对角线长度为 29.3mm，折合 1.18 英寸；P 型是满幅的上下两边各挡去一条，画面长宽比为 3：1（30.3mm×10.1mm），又被称为全景模式。

APS 感光底片与传统感光胶底片最大的区别在于：APS 感光底片上不仅涂有感光乳剂，还涂覆一层透明的磁性介质，它具有传统底片的所有功能，此外还具有数码书写功能，利用底片齿孔边和另一边的条形导轨面积，在拍摄过程中，可以随时将拍摄中的有关数据，如焦距、光圈、速度、色温、日期等记录在底片上。有的 APS 相机还储存有十几种语言，可以通过机背上的按钮选择所需，然后将信息记录在底片上，这些信息可以修改。在冲洗时还可以印出一张"缩略图索引"的目录照片，这在当时是新颖超前的设计。

为了便于观看 APS 底片，APS 系统还有配套的底片图像播放仪。把拍摄好的底片放入播放仪并与电视连接，就可以在电视上观赏，同时还能配背景音乐，可以连续播放，图像可以进行局部放大，也可以调节图像的色彩、亮度等，增加了摄影的娱乐性。APS 问世以来，先后有 50 多家生产厂商加盟。各品牌的 APS 相机在性能上大同小异，从外形上看则可分为两大类：一类是底片生产商生产的相机，都是袖珍型，体积小巧、功能齐全、操作简单、便于携带，例如富士的 Fotonex 1000ix；另一类是相机生产商生产的相机，最大的特点是既可以使用特别为 APS 设计的镜头，也可以使用 135 系统的所有镜头，如佳能的 EOS1X、尼康的 PRONEA 600I 等。

APS 是介于底片照相机和数字照相机之间的过渡产品。现今的数码单反相机大多采用小于 135 规格的 CCD 或 CMOS 感光器件，除了奥林帕斯的 4/3 系统和尼康 / 佳能全画幅之外，其他感光器件的规格尺寸基本上都与 APS-C 型底片一样，即长宽比为 3：2、边长近似为 24.9mm×16.6mm。近似于这种规格尺寸的感光器件被称为 APS-C 规格。

APS-C 规格的传感器多用于数码单反相机，例如索尼 DSC-R1、适马 DP1、富士 X100 等。一些单电相机也采用这种规格，例如索尼 NEX-5/3 和三星 NX10。但 APS-C 规格传感器的尺寸大小并不完全统一，总体而言是小于 35mm 胶卷（或称全画幅）规格，即小于 36mm×24mm。所以，与全画幅相比，APS-C 在相同的焦距下视角更窄。

APS-H 画幅独属于佳能品牌，是佳能专业级相机中使用的画幅。

4/3 系统传感器最为小巧，主要应用于松下、奥林巴斯、富士等几个品牌的民用机型，造价相对低廉。

小型传感器是指 1/2.3 ～ 1/1.6 英寸的传感器，造价最低，最为普及，是目前卡片机应用最广的传感器。

各类画幅对比如图 2.3.2 所示。

图 2.3.2　各类画幅对比

2.3.2　按产品类型和用途分类

数字照相机按产品类型和用途分类，可分为：单反相机、便携相机和长焦相机。

2.3.2.1　单反相机

数字单反相机（图 2.3.3）就是指单镜头反光数字照相机，市场中的代表机型有尼康、佳能、宾得、富士等。这类相机一般体积较大，比较重。单反相机的工作原理是光线通过镜头到达反光镜后，折射到对焦屏上并形成影像，透过接目镜和五棱镜，我们可以在观景窗中看到外面的景物。

图 2.3.3　数字单反相机

数字单反相机的一大特点是可以更换不同规格的镜头，这是单反相机天生的优点，是普通数字照相机不能比拟的。

2.3.2.2　便携相机

便携相机（图 2.3.4）指那些外形小巧、超薄机身设计的数字照相机，有卡片相机和微单相机两种。与对卡片相机相比，微单相机具有可更换镜头的优点。便携型相机的优点是可以随身携带、操作更便捷、界面更简洁、多配备有大屏幕液晶屏；缺点是手动功能相对薄弱、超大的液晶显示屏耗电量较大。

图 2.3.4　便携相机

2.3.2.3　长焦相机

长焦数字相机（图 2.3.5）指的是具有较大光学变焦倍数的机型。光学变焦倍数越大，能拍摄的景物就越远。这类相机的代表机型有：美能达 Z 系列、松下 FX 系列、富士 S 系列、柯达 DX 系列等。镜头越长，内部的镜片和感光器移动空间就越大，所以变焦倍数也更大。

图 2.3.5　长焦数字相机

长焦数字相机的主要特点其实和望远镜的原理差不多，二者都是通过镜头内部镜片的移动而改变焦距。当人们拍摄远处的景物，例如湖面的荷花、树梢上的鸟或者是抓拍一些纪实类的照片，长焦的优势就发挥出来了。同时需要注意的是，焦距越长，则景深越浅，这和光圈越大景深越浅的效果是一样的。浅景深的好处在于突出主体而虚化背景，相信很多人在拍照时都追求一种浅景深的效果，背景虚化的照片看起来更加专业。一些镜头越长的数字照相机，内部的镜片和感光器移动空间越大，所以变焦倍数也更大。

　小贴士

　　数字照相机的光学变焦倍数大多在 3 ～ 12 倍之间，即可把 10m 以外的物体拉近至 3 ～ 5m；也有一些数字照相机拥有 10 倍的光学变焦效果。家用摄录机的光学变焦倍数在 10 ～ 22 倍，能比较清楚地拍到 70m 外的景象。使用增倍镜能够增大摄录机的光学变焦倍数。如果光学变焦倍数不够，可以在镜头前加一个增倍镜。一个 2 倍的增倍镜套在一个原来有 4 倍光学变焦的数字相机上，那么这台数字相机的光学变焦倍数由原来的 1 倍、2 倍、3 倍、4 倍变为 2 倍、4 倍、6 倍和 8 倍。也就是，使用增倍镜后的相机变焦倍数为增倍镜的倍数与相机原有光学变焦倍数的乘积。

拓展阅读

变焦范围越大越好？

一般来说，镜头的变焦范围越大，镜头的成像质量越差。10倍超大变焦镜头最常见的问题是镜头畸变和色散，紫边问题也比较严重。超大变焦镜头在广角端易产生桶形变形，而在长焦端易产生枕形变形。虽然镜头变形是不可避免的，但是好的镜头会将变形控制在一个合理范围内。理论上，变焦倍数越大，镜头也越容易产生形变。很多厂家对超大变焦镜头做了不少改进，例如在镜头内加入非球面镜片以预防变形的产生；使用防色散镜片（例如尼康公司的 ED 镜片）来避免色散。随着光学技术的进步，目前的 $10\times$ 变焦镜头在光学性能上已能够满足人们日常拍摄的需要。

随着数字单反相机市场的发展，长焦相机逐渐被可以更换镜头的数字单反所替代。如今不必单独购买长焦相机，镜头的多元化（图 2.3.6）发展为消费者提供了更多便利的选择。

图 2.3.6　不同焦距的镜头

以上分类大致涵盖了目前市面上的数字照相机。值得注意的是，在实际应用中，并不是越贵越好，每位初学者和摄影师都应该选择适合自己的数字照相机。

实践练习

1. 深入理解画幅的概念。

2. 分析单反相机、便携式相机和长焦相机各自的特点。

3. 如何选择一部适合自己的相机？

2.4 数字照相机的使用

为了正确、熟练地使用照相机，首先应熟悉照相机上的各个操作按钮及操作方法，熟知其用途，以便充分地运用照相机进行艺术创作。

2.4.1 相机的三步调整

2.4.1.1 设置时间

图 2.4.1 设置时间

购买的新相机，打开包装检查了外观后，就要装上电池试用。摄影者会发现新相机需要进行时区设置和时钟设置。利用这个功能可以准确记忆照片的拍摄时间。但出国旅游时不要忘记更改时区（图2.4.1）。

2.4.1.2 调节屈光度

图 2.4.2 屈光度调节装置

为了便于视力欠佳的人直接观看取景器内的效果，照相机增加了屈光度调节装置（图2.4.2）。屈光度调节装置其实就是在相机取景目镜处加一组镜片，通过旋钮等调整镜片位置，使其达到一定范围内的连续屈光度转换。但屈光度的调节范围是有限的，超过这个范围则需选购专用的目镜调节镜。

2.4.1.3 感光度设定

图 2.4.3 感光度设定

新购置的相机，"自动 ISO 感光度控制"默认设定为"ON"（图2.4.3），也就是自动控制感光度。当我们在不同环境中拍摄时，相机会根据测光的情况，自动使用不同的感光度来保证曝光的准确。在试机过程，一般会使用最简单的方法测试 CCD 或 CMOS 是否有噪点，此时一定要把"自动 ISO 感光度控制"设为"OFF"。日常拍摄相片，大部分使用者还是喜欢把此项设为"ON"。

2.4.2 看懂三幅图

使用相机，最根本的是了解和熟悉相机自动传递给你的信息。对于摄影新手来讲，看懂控制面板、取景器和信息显示屏显示的三幅图很重要，这三幅图的作用，一是表述相机的工作状态，二是提醒你注意和修正的事项。

2.4.2.1　控制面板（右肩屏）

控制面板显示大部分拍摄设定的状态信息（图 2.4.4）。拍摄设定中主要设定以下几项。

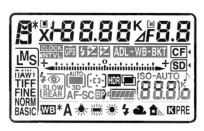

图 2.4.4　控制面板显示图

（1）设定拍摄模式。曝光模式决定相机在调整曝光时如何设定快门速度与光圈。有以下 4 种模式可供选择：程序自动（P）、快门优先自动（S）、光圈优先自动（A）和手动（M）。

（2）选择测光方式。测光决定了相机设定曝光的方式，有矩阵式测光、中央重点测光和点测光。

（3）设置感光度。感光度也称 ISO 感光值，是相机对光线反应的敏感程度测量值。通常有 ISO 100、ISO 200、ISO 400、ISO 800、ISO 1600、ISO 3200、ISO 6400 等，并可以相当于 1/3EV 的步长进行调整。数值越大，表示感光性越强。

（4）设置影像品质。大部分相机提供了 RAW、TIFF 和 JPEG 等文件格式选项。RAW 格式也被称为"数字底片"，是所有相机使用的拍照格式，但在存储时却只有数字单反和中高端的专业相机为购买者提供了将图片存储为 RAW 格式的功能。RAW 画质好，蕴含最多的原始信息，是高质量图片的来源，比 TIFF 格式小，有极好的后期润色修饰空间，是摄影师的首选。JPEG 格式使用广泛、通用性强，缺点是存储过程中经过了压缩，导致图片质量有所下降。TIFF 通用性好、照片占用空间大，拍摄前期的设置决定图片的质量，摄影师很少使用此格式。

（5）设置色彩空间。相机提供了 sRGB 和 Adobe RGB 两种色彩空间。sRGB 通用性好，色域小；Adobe RGB 色域大，蕴含了丰富的色彩和层次信息，经过专业的调整和修饰，色彩层次要好于 sRGB。

2.4.2.2　取景器（目镜）

无论是何种相机，在拍摄照片的时候都需要通过取景器来进行构图，因此，取景器自然成了数字照相机必不可少的部件之一。

取景器的主要作用就是构图，也就是确定画面的范围和布局。另外有些取景器还能显示拍摄的参数、预测景深等。良好的取景器能让我们对于照片的最终效果有一个更直观的认识，方便我们拍出更完美的照片。

取景器的中央部分显示相机对焦点的数量、测光和对焦点，网格显示便于在取景器中构图。取景器的底部和右侧的标尺可以指示相机的左右和前后倾斜程度（图 2.4.5）。

数字摄影艺术与实践

要拍摄焦点清晰的影像，一定要认真观察"对焦指示（●）"。下面以尼康相机为例，说明如何看懂对焦指示的提示，见表2.4.1。

图 2.4.5　取景器显示图

表 2.4.1　对焦指示所显示内容与提示

对焦指示显示	提　　示
●	拍摄对象清晰对焦
▶	对焦点位于照相机和被摄对象之间
◀	对焦点位于被摄对象之后
▶◀闪烁	自动对焦时，相机无法对焦于被摄对象

2.4.2.3　信息显示屏（LCD）

信息显示屏指的是相机背面的 LCD 屏。LCD 屏的最大作用，就是显示"即拍即得"，即拍摄之后马上就能查看具体的拍摄效果。它的另一作用是通过放大屏幕显示的图片来查找拍摄时的问题。

LCD 很脆弱，千万不要与坚硬的物体碰撞，以免损坏 LCD 屏。

在查看或拍摄照片时，彩色显示屏显示两类信息：一是拍摄前信息显示，二是拍摄完成后照片信息显示。

按下照相机上的"info"按钮（图 2.4.6），可以激活"拍摄信息显示"屏幕，再次按下可改变屏幕底行显示的参数。显示屏中将会显示拍摄信息，其中包括快门速度、光圈、剩余可拍摄张数、缓冲区容量及自动对焦区域模式（图 2.4.7）。

拍摄完成后，按一下相机上的"回放"按钮（图 2.4.8），可以看到基本照片信息和多屏详细照片信息（图 2.4.9）。

info 按钮

图 2.4.6　"info"按钮　　　图 2.4.7　拍摄信息显示屏

图 2.4.8　"回放"按钮

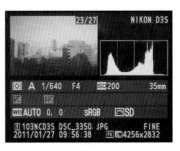

图 2.4.9　图像显示－概览数据

44

小贴士

人的眼睛与显示屏呈 100°~105° 夹角时，是信息显示屏的最佳观看角度。这个角度色彩比较准确，反差适中。

实践练习

1. 认真阅读所使用的照相机说明书，了解数字相机各部位的功能。

2. 将充好电的电池、存储卡装入相机并开启电源，设置拍摄模式。

3. 拍摄前根据拍摄光线环境设置感光度、白平衡、文件格式、测光模式、测光区域。

4. 根据实际拍摄画面，详细阅读直方图信息。

单元 3　数字摄影拍摄技术

3.1　光线的运用

3.1.1　光线概述

摄影离不开光，有光才有影。如何利用光与影的关系来构成影像，是摄影创作中的一大关键。现实生活中的自然光来自太阳，投射在被摄物体上的光线因为方向和角度不同，不只是阴影的位置和面积会随之改变，而且观者对被摄体的第一印象和感觉也会呈现出明显不同的视觉效果。所以，选择适当的光线是拍摄前至关重要的第一步。

光有 6 种属性，即光度、光型、光位、光质、光比和光色。

3.1.1.1　光度

光度是光源的发光强度、照度、亮度的总称。发光强度是指光源辐射能量的大小，照度是指被摄物体单位面积所接收到的光通量，而亮度则是指被摄物体表面的明亮程度。

3.1.1.2　光型

光型是指各种光线在拍摄时对被摄物体所起的作用，主要有以下几种：

（1）主光。照亮被摄物体的主要照明光线。

（2）辅助光。在主光的照射下，未被主光触及的部分都处在阴影中，辅助光是用来调整阴影部分明暗的照明光线。

（3）轮廓光。勾画被摄物体轮廓形状、线条的光线。

（4）背景光。位于被摄物体后方，朝着背景照射的光线。

（5）修饰光。对被摄物体的局部添加强化塑形效果的光线。

光型不只是存在于影棚内。经验丰富的摄影师会随时评估环境中的各种光，运用光线的角度巧妙构图（图 3.1.1）。

图 3.1.1 《古韵》（运用光线的角度巧妙构图） 李军 / 摄

图 3.1.2 《荷》（顺光拍摄） 李军 / 摄

3.1.1.3 光位

光位是指光源相对于相机与被摄物体的位置。

一般来说，光位按照光线照射方向来分类，可以分为 3 种，即顺光、侧光和逆光。

顺光是指光线来自被摄物体正面方向，被摄物体受光面积大，阴影也比较少，拍摄时测光和曝光控制相对比较容易，即使是使用相机的自动曝光系统，一般也不会出现曝光上的失误。但因为在顺光的条件下，被摄物体表面无论是否凹凸不平，因受光程度完全相同，阴影不易显现，应选取合适的拍摄对象，避免被摄物体过于平面化（图 3.1.2 ）。

侧光是指光线从被摄体侧面照射过来，它能使被摄物体表面的凹凸呈现出明显的阴影，对于表现被摄物体的纹理和质感是一种十分理想的光线。它既能勾勒出被摄物体的轮廓，又能体现立体感，是摄影用光较为常用的光位。如图 3.1.3 所示，光线从画面的右侧照下来，含苞待放的荷花与茎被侧光勾勒出由浅至深的影调，增强了画面的空间感，凸显了主体。

逆光是指光线从被摄物体背后照射。可以想象，在逆光的情况下被摄主体往往会变成剪影，因此对于曝光的把握相对比较困难。逆光能给被摄物体轮廓镶上一条夺目动人的光边，熟练控制之下能创作出独特的美感效果。在拍摄逆光照片时，如果按背景测光或者是按自动模式曝光时，往往会曝光不足，一定要注意调整曝光补偿或是人为的补光，补光可以利用反光板、小型外拍灯或是闪光灯的日间同步功能，还可以根据环境选择一定的遮蔽，或是稍微调整角度，选取合适的构图，让逆光为作品增色（图 3.1.4 ）。

小贴士

我们知道，从日出到日落，太阳的位置总在改变，因此照射在被摄物体上的光也会随着太阳位置的推移而不断改变角度。随着角度的改变，被摄物体表面的质感、阴影的均衡都会直接影响整体的表现效果。一般来说，被摄物体侧面上方 45° 左右的光线被认为是最佳的采光角度，一天中大约 10：00 和 14：00 前后的自然光比较符合这个角度。当采光角度偏高时，被摄物体的阴影较短；当采光角度偏低时，被摄物体的阴影较长。同样状况的光线一天只有一次，对采光角度的选择不能掉以轻心，这需要拍摄者在日常生活中仔细观察不同季节、不同时间、不同天气情况、不同角度和方向的光线的微妙变化，大致估测其在画面中出现的表现效果，以便更好地根据主题和构思来灵活运用光线。

图 3.1.3 《含苞待放》（侧光拍摄）　李霞 / 摄

图 3.1.4 《怒放》（逆光拍摄）　李霞 / 摄

3.1.1.4　光质

光质是指摄影照明光线的软硬性质。

直射光通常称为"硬光"，一般是指没有云彩或其他物体遮挡的太阳光，或是直接照射到被摄物体上的人造光，如照明灯、闪光灯等。直射光照明下的被摄物体受光部分

图 3.1.5 《舞者》（硬光拍摄） 李霞 / 摄

和阴影部分的光比较大，亮部很清晰，阴影很浓重，画面反差强烈，立体感强。但是对于一些轻柔的被摄物体，例如花瓣和婴儿的皮肤，明暗反差过大会给人粗糙的感觉。如图 3.1.5 所示，舞台上的追光灯属于典型的硬光，为整个舞台营造出一个明暗反差极大的光线环境。

散射光是一种不会产生明显投影的柔和光线，也称"软光"。阴天或被云彩遮挡太阳时的光线属于散射光线；使用人造光时，通过柔光纸透射或是反光板反射的光线也属于散射光线。因为光线不是直射而是从不同方向反射到被摄物体上，所以阴影很淡，反差较小，影调相对比较柔和。在云彩过厚的阴天，由于光线过度扩散，色调和阴影都会显得没有变化，画面效果显得平淡。有淡淡的云彩遮挡太阳、直射光和散射光混合的明亮的阴天，被公认为最佳的"拍照天"。当然，这里的"最佳"并不绝对，同样要根据拍摄的主题和期许的效果选择适合的光线（图3.1.6）。

图 3.1.6 《乡村晨曦》（散射光拍摄） 李霞 / 摄

3.1.1.5　光比

光比是指被摄物体主要部位的亮部与暗部的明暗比例。因为光比大小决定了反差大小，所以整个影调的明暗控制都靠光比来调节。要了解光比，首先要了解 EV 值的概念。EV 是 Exposure Values（曝光值）的缩写。简而言之，曝光值越高，光线越明亮；曝光值越低，光线越暗淡。所谓光比就体现在一个相场内亮度与暗度的 EV 比。前面提到拍摄一张照片有时候需要一个主光和一个辅助光来同时为亮部和暗部打光，当亮部和暗部的测光相差 1 个 EV 值，光比是 1：2；相差 2 个 EV 值，光比是 1：4；相差 3 个 EV 值，光比是 1：8；相差 4 个 EV 值，光比是 1：16。由此可见，光比是 2 的几次方幂值的倒数。光比的数值越小，亮部和暗部的反差就越大。拍摄人像时，高光比主要用来表现坚强、刚硬的效果，不过运用得巧妙可以兼顾高光比和轻柔感。如图 3.1.7 所示，面纱成为了很好的柔光工具，模特在面纱的覆盖下没有明显的高光点，整个画面又有很大的明暗反差，给人鲜明且古典优雅的视觉感受。

图 3.1.7　《萌动》（大光比拍摄）　孟海韵 / 摄

3.1.1.6　光色

顾名思义，光色是指光的颜色。光色决定光的冷暖感。在彩色摄影中，光源色温的高低直接影响着被摄物体色彩的真实还原。彩色摄影的色调可以分为暖调、冷调、和谐色调和对比色调 4 种（图 3.1.8 ~ 图 3.1.11）。

图 3.1.8　《乡村之晨》（暖调）　李军 / 摄

图 3.1.9 《乡村小景》（冷调） 李军 / 摄

图 3.1.10 《布达拉宫》（和谐色调） 李军 / 摄

图 3.1.11 《大羽华裳》剧照（对比色调） 李霞 / 摄

由红、橙、黄等色彩中的部分色彩构成的画面称为暖调构图。由青、蓝、紫等颜色为主要色调构成的画面为冷调构图。暖调给人温暖的视觉感受，而冷调给人寒冷的视觉感受。

和谐色调指色别对比、明度对比和饱和度对比关系的协调。

对比色调则是指冷暖色调的对比，如红与青、黄与蓝、橙与蓝等。

认识了光的上述 6 种特性，我们就可以用这些知识来分析自然光、设计室内光，通过借助一些辅助工具，无论在任何光线条件下，都能拍摄到满意的作品。

3.1.2　自然光的运用

在摄影中，可以用自然光照明，也可以用人工光照明，还可以用混合光照明。可以用不同的光质进行照明，也可以用不同的光位和光型进行照明，无论是采用哪种照明方式，都应根据被摄物体的情况来选择。我们先讨论自然光的运用。

自然光是最常用的一种照明光源，由于自然光的照明是不能由拍摄者控制的，所以只有选择和等待。例如在早晨太阳升起后，拍摄者正对着面朝东方的被摄物体拍摄，这就是顺光；反之则是逆光。当太阳光的照明角度和光质不符合拍摄照明的要求时，可以借助辅助工具或是等待合适的时机。直射的太阳光光质强硬。以植物为例，强光下会表现出旺盛的生命力，适合拍摄苗壮的树木；而散射光线下则更适宜捕捉较为柔美的景物（图 3.1.12）。如果在正午的骄阳下拍摄，直射光易导致画面层次平淡，准确控制曝光非常重要（图 3.1.13）。

图 3.1.12 《绽放》（散射光拍摄） 李霞 / 摄

图 3.1.13 《悦》（顶光拍摄） 李霞 / 摄

随着一天之中日照的变化，光线的强度和光位都在发生变化，这些变化不但影响着对摄影曝光量的控制，也影响用光的效果。例如早晚的太阳光照度低，需要的曝光量就多，对于彩色摄影来说，画面还会有色调的变化；中午的太阳光照度高，需用的曝光量少。但顶光拍摄不利于表现被摄主体形象，尤其不宜用于表现人物的拍摄。

随着天气的变化，自然光的光质和强度也会发生变化。天气变化中，有阴、晴、雨、雪、雾等，晴天为直射光的照明性质，阴、雨、雪、雾等都属于散射光的性质。晴天的照明度最强，其他天气光线的照明度都不同程度地减弱（图 3.1.14）。

在一年四季中，随着季节的变更，光线的照明度和光质都会发生不同的改变：夏季光质最硬；春秋季次之；冬季光质较软。根据天气情况准确评估光线非常重要。

图 3.1.14 《蕴》（散射光拍摄）李霞/摄

3.1.3　人造光的运用

3.1.3.1　影棚闪光灯

在室内运用人工光拍摄，全靠布光，所以对光线的控制能力直接决定影像的质量和效果。

不管是单灯还是多灯，布光应从同一拍摄角度有序进行，否则光线会显得杂乱，有时甚至会产生矛盾光，这样一来会破坏整体画面及构图。

图 3.1.15　棚内闪光灯

室内的灯光器材，一般可分为瞬间光式的闪光灯类和连续光式的石英灯类两种。闪光灯类光源中的闪灯是摄影棚最基本、最常用的设备，打光时的明暗效果可以借助内部的模拟灯（又称造型灯）来查看。色温为 5400K 左右的正常色调的闪灯（图 3.1.15），是摄影棚内最基本的设备。连续光式的石英灯类光源，用于希望能有暖调色彩或是喜欢慢速细致感光的拍摄。这种光源是连续性发光体，它的使用效果与闪光灯类光源相反，用它可以得到较为细致的色彩。由于是连续性发光，所以这种灯是电影等动态影片拍摄时的主要光源。这类光源的色温是 3200K 左右，暖色调，若想得到正常的色彩还原，可将数字照相机的色温设置成与光源色温一致的数值。

当我们在摄影棚内拍摄照片时，需要充分运用我们对光的认知来分析光和布光。一般的室内拍摄需要设置以下几种灯。

（1）主灯。主光，将被摄物体需要着重表现的部位打亮，是摄影时最主要的光源。

（2）辅助灯。补光，用来对暗部进行补光的辅助光源。

（3）背景灯。背景光，调节背景区域的亮度，使整个画面更生动。

（4）其他效果灯。为强调轮廓与线条、质感等特殊效果而设置的灯。例如在拍摄玻璃制品时从被摄物体的后方偏下位置加一个比主灯略暗的效果灯，在轻微逆光状态下可以表现出玻璃的通透质感。

图 3.1.16　反光伞

（5）辅助设备。在打光时，借助一些辅助设备，灯光的光质与光色都是可以控制甚至改变的。这些辅助设备有反光伞、柔光箱（无影罩）、束光筒、四叶遮板等。

1）反光伞。将反光伞装置于灯光前，把没有任何遮蔽的裸灯的直射光经反射变成散射光，让光质更柔和。反光伞的外部是黑色不透光材质，内部是银色或白色，白色的光质更柔和（图 3.1.16）。

2）柔光箱。又称无影罩，是最简便而直接的散射光转换装置，其原理是将轻微透光的白布制成灯罩，直接套于灯头，直射光经过这块布罩便扩散为散射光。柔光箱操作简便，是摄影棚最重要且普遍使用的改变光质的设备（图 3.1.17）。

图 3.1.17　柔光箱

3）束光筒。束光筒（图 3.1.18）俗称尖嘴灯罩，它与柔光箱的功能正相反。将这种漏斗形状的圆筒装在灯前可以将裸灯的光更集中地投射在被摄物体的某一个局部上，例如人像摄影的发灯，就可以运用束光筒。

4）四叶遮板。此为多功能设备，其外形为 1 个由 4 个活动遮片组合而成的罩子，可以依叶片所开的大小孔径而得到大范围或者是小范围的照明，是改变照明范围的最佳设备（图

图 3.1.18　束光筒

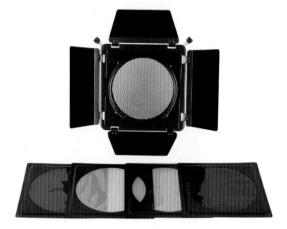

图 3.1.19　四叶遮板与配套色片

3.1.19）。还可以利用其插孔插上任何色片，而得到色彩改变的色光。操作简便迅速，是重要的多功能设备，常用于背景灯的变化。

3.1.3.2　机顶闪光灯的运用

1. 填充闪光

闪光灯可以在环境灯光条件不好的时候作为主光源，打亮被摄主体。除了在阴暗环境使用以外，在明亮的光线下，被摄主体也有可能出现局部阴影，此时就可以使用填充闪光。填充闪光的作用是将略为阴暗的局部提亮。

2. 柔光箱

大部分数码单反的机顶闪光灯也可以安装柔光箱。可以使用白色牛奶盒一类的旧物改造成柔光箱，达到柔化光线的效果。

3. 反射光

如果使用外接闪光灯而又没有柔光箱，灯光直射在被摄主体上会很生硬，从而破坏整体画面。但大多数外接闪光灯都可以旋转灯头角度，可以旋转灯头使之朝向天花板方向照射，将天花板作为反光板。多数天花板是白色的，反射下来的光线自然又柔和，这不失为一种应急的好办法。

小贴士

　　如果将拍摄场地的天花板当做反光板，而天花板不是白色，还有可能产生特殊的画面效果。例如，暖色调天花板的反射光会带来温润的效果，冷色调天花板的反射光则会营造出严肃的氛围。

4. 离机闪光

所谓的离机闪光，就是要使用一根离机引闪线。将闪光灯装在引闪线的热靴座上，放置于专用灯架上，这样就可以自由设置灯的位置，根据需要来布光。

摄影不只是在拍摄的时候按动快门而已。如本节开篇所言，有光才有影。摄影是用光的艺术。想要拍出好作品，须时刻保持对光的敏感，在日常生活中有意识地观察和分析各种光线，经常思考在身处的光照环境下如何搭配光圈与快门，会拍出什么样的效果，等等。深入把握光的特性是提高摄影水平的不二法门。

实践练习

1. 深入认识光的 6 种属性。

2. 结合光的属性，对优秀摄影作品进行光的分析。

3.2　曝光控制

照相机发展至今，无论怎样演变，曝光控制仍然直接影响影像的品质。尽管现在数字照相机设有自动曝光系统控制曝光，拍摄中有多种自动曝光模式可供选择（P 程序曝光、A 光圈优先、S 快门优先等），能够应对正常光线下的拍摄。但是，在复杂光线条件下想要追求作品有创意的表现，则不能机械地使用自动曝光系统模式。学习摄影应从曝光的基础知识和基本原理学起，熟练地掌握曝光控制，这样无需在后期制作上花费太多的时间，就能获得影调和色彩丰富的满意之作。曝光控制是成就一幅佳作的关键所在。不同曝光效果如图 3.2.1 所示。

曝光不足　　　　　　　　　曝光过度　　　　　　　　　正确曝光

图 3.2.1　不同曝光效果　李军 / 摄

使用数字照相机应如何正确地控制曝光？首先，我们要了解数字照相机如何进行曝光，影响曝光的因素又有哪些。

数字照相机的曝光是指光线通过镜头在相机图像传感器上形成图像的过程，光线通过镜头在相机图像传感器上形成图像，如图 3.2.2 所示。影响曝光的因素主要有以下几个方面：光圈、快门的选择、感光度的确定、曝光补偿的使用、测光技巧运用等。

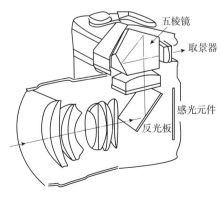

图 3.2.2　光线通过镜头在相机图像传感器上形成图像的示意图

3.2.1 光圈、快门的选择与曝光之间的关系

数字照相机的曝光控制主要由光圈值和快门的开闭时间共同完成。光圈控制光线的强弱，快门控制曝光的时间，它们之间合理搭配构成曝光组合，最终决定照相机的曝光量。

光圈是光的必经之路，由多个光圈叶片构成，可通过调节光孔直径来控制通光量。在数字照相机中，光线通过镜头进入相机图像传感器。光圈设置在镜头中间，表示光圈的大小的数值称为光圈值，由英文字母 F 与数字组合表示，每一个数值代表一级光圈，通常光圈的 F 值为 2、2.8、4、5.6、8、11、16、22、32，这些数值是由镜头的焦距除以有效光孔直径所得的商计算而来的。以上数值中，F2 为最大光圈，进光量最多；F32 为最小光圈，进光量最少。由此可见，光孔越大，F 值越小；光孔越小，F 值越大（图 3.2.3）。

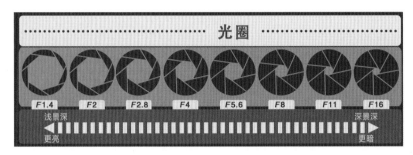

图 3.2.3 光圈 F 值对应的口径与曝光关系示意图

F 值是不同镜头间进行统一的标准化数值，无论是广角镜头，还是长焦镜头，只要 F 值相同，通过的光线都可视作等量。

数字照相机光圈 F 值标识如图 3.2.4 所示。不同光圈拍摄的效果如图 3.2.5 所示。

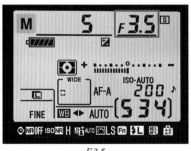
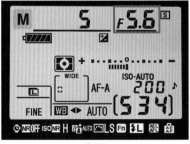
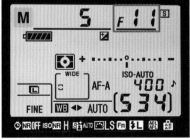

*F*3.5　　　　　　　　　*F*5.6　　　　　　　　　*F*11

图 3.2.4 数字照相机光圈 F 值标识

*F*3.5　　　　　　　　　*F*5.6　　　　　　　　　*F*11

图 3.2.5 不同光圈拍摄的效果

小贴士

☆光圈最大口径在相机镜头上的几种标识方式。

定焦镜头的光圈采用最大光圈标示法。例如，镜头标有"50mm *F1.2*"，表示这支镜头的最大光圈是 *F1.2*；而标有"200mm *F2.8*"则表明该镜头最大光圈是 *F2.8*。

变焦镜头由于结构的变化，有的与定焦镜头一样只有一个最大光圈值的标示；有的则有两个标示，例如佳能 EF 镜头标有"70～300mm *F4*～*F5.6*"，一支镜头有两个光圈值的标示，说明镜头焦距在 70mm 端时，最大的光圈可开到 *F4*，设置在 300mm 端时，最大的光圈只能开到 *F5.6*。光圈值越大，使用中越灵活方便，光圈开大一级，在光线比较暗的情况下可以增加相应的曝光量。

☆光圈不宜收缩得太小。

由于光线的衍射现象，当光线在镜头中通过很小的光孔时，会折向光圈背面而产生眩光，导致画面解像感与对比度下降。若要拍出高清晰度的照片，选择 *F5.6*～*F11* 之间的光圈值可以避免衍射现象的发生，并充分发挥镜头的性能。

快门是配置在图像感应器正前方的帘幕，快门的开启时间控制图像感应器的曝光时间。快门速度用数字表示，相机上快门显示的 1、2、4、8、15、30、60、125、250 等数字是以秒为单位数值的倒数，例如"15"表示的是快门曝光时间为 1/15s。分母数字越大，快门速度就越快。每一个数值代表一档快门速度；如显示 1″、2″、3″、10″、20″，则快门曝光时间是 1s、2s、3s、…。快门速度与曝光关系如图 3.2.6 所示。

图 3.2.6　快门速度与曝光关系示意图

光圈与快门速度是控制曝光的两个重要因素。同样的曝光量，光圈与快门可以构成不同的曝光组合，又称等量曝光组合。光圈与快门速度在维持等量曝光组合中，相互弥补。光圈开大（或缩小）几级，快门速度便相应地加快（或减慢）几级。它们之间的这种规律变化

又称互易律。例如，在中午日光下拍摄，感光度设置为 100，设置光圈为 F11、快门速度为 1/125s，可以获得正确的曝光量。如果光圈开大到 F5.6，速度就要增加到 1/500s，即光圈开大了 2 级，快门速度相应加快了 2 档。以上两组组合虽然数值在变化，但曝光量相同。在拍摄时，拍摄者可以根据自己的创作需求灵活选择不同的曝光组合。拍摄需要突出主体、虚化背景画面时，可选择大光圈的曝光组合；拍摄风光、大场景等前后都要清晰的大景深画面时，可选择小光圈的曝光组合。还可以根据被摄体不同动态选择不同快门速度的曝光组合。需要抓取瞬间时，可选择快门速度高的曝光组合；需要表现被摄体动感时，可选择快门速度较慢的曝光组合。为了方便拍摄者，数字照相机根据等量曝光组合原理设置了光圈优先模式和快门优先模式。

光圈与快门速度等量曝光组合如图 3.2.7 所示。

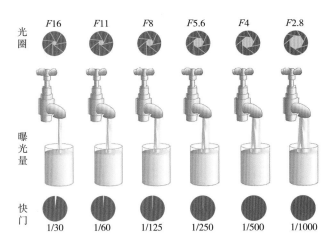

图 3.2.7　等量曝光组合示意图

3.2.2　感光度与曝光之间的关系

数字照相机的感光度是指感光元件对光线反应的敏感程度。它的主要作用是最大限度地使感光元件适应环境光线的变化，保证画面正确曝光。感光度通常用 ISO 表示，ISO 数值越大，感光度就越高；ISO 数值越小，感光度就越低。

感光度根据数值的高低可分为以下几种类型：

（1）ISO 100 以下为低感光度。

（2）ISO 100、ISO 200 为中感光度。

（3）ISO 400、ISO 800 为高感光度。

（4）ISO 1600 以上为超高感光度。

感光度与曝光之间的关系是感光度数值每相差 1 倍，曝光量就相差 1 级。光圈和快门是影响曝光控制的两个主要因素，因此感光度和光圈快门之间又有着相互联系、相互制约的关系。

在等量曝光前提下，光圈值不变，感光度与快门成正比。感光度设置高，快门速度相应要快；感光度设置越低，快门速度越慢。例如，将感光度 ISO 200 改为 ISO 400，感光度提高 1 级，快门速度就应加快 1 档；若将 ISO 200 改为 ISO 100，则感光度降低 1 级，快门速度也应放慢 1 档。若快门速度不变，感光度与光圈口径成反比。感光度提高，光圈口径就要缩小；感光度降低，光圈口径就要开大。由此可见感光度和光圈快门对曝光控制的影响。

感光度的设定应随着拍摄环境的变化来确定，尽量准确地设置感光度。

在光照条件不充分的情况下，适当提高感光度是必要的，但并不是感光度越高越好。因为提高感光度，会导致图像的质量下降，画面噪点过多，反差较平，解像能力降低，因此不要滥用感光度。感光度与成像质量的关系如图 3.2.8 所示。

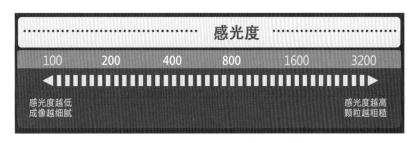

图 3.2.8　感光度与成像质量示意图

通常在光线较弱，达不到正常曝光的情况下，或拍摄运动速度较快的物体时，采用设置高数值的感光度，多用于体育赛场或新闻现场抓拍以及舞台演出等画面的拍摄。如果拍摄强光下的景物、人物肖像，或进行广告、商业摄影，或拍摄静止的景物，尽量选择低数值的感光度。因为低数值感光度的影调细腻、成像质量高，拍摄的影像可进行高倍放大。

3.2.3　测光模式对曝光的影响

数字照相机测光系统是通过镜头对被摄体光的亮度进行测量，通常称为 TTL 测光，其中 TTL 是英文 Throug the Lens 的缩写。测光是保证画面正确曝光的重要环节，数字照相机提供了多种测光模式，拍摄前可根据所拍内容进行适当选择。现有常见的测光模式大致有以下 4 种。

3.2.3.1　中央重点平均测光

中央重点平均测光（图 3.2.9）是主要对取景器中央 60% ~ 80% 的区域进行测光，其他区域做辅助测光。当被摄主体在取景中央部位，并处于光线反差不大的环境中时，常采用这种测光模式。

图 3.2.9　中央重点平均测光

3.2.3.2 中央部分测光

中央部分测光（图 3.2.10）又称为局部测光，只对画面中央的局部区域进行测光，测光区域大约占画面的 9%。采用中央部分测光可对准画面中灰色调位置测光，以获得拍摄主体的准确曝光数据，适用于光线比较复杂的场景。拍摄舞台演出、夜景、逆光等复杂光线环境时常选用这种模式。

3.2.3.3 点测光

点测光（图 3.2.11）测量数据准确，仅对取景器中 5% 左右的区域进行测光。由于测光范围小，所以不受周围其他明暗光线的影响。点测光对测光要求严格，控制不当容易造成严重的曝光误差，必须选择画面中具有中性灰亮度的区域进行测光。测光后要立刻锁定曝光值再拍，以避免相机移动造成测光值与曝光值发生变化。这种测光模式适用于主体和背景光线亮度复杂或反差较大的场景，常用于拍摄舞台画面、剪影，或表现人像细节等。

3.2.3.4 评价测光

评价测光（图 3.2.12）又称为分割测光，是将取景画面分割为若干个测光区域，通过计算平均值得出一个整体的曝光值。评价测光属智能化测光方式，测量范围广，全自动模式和所有的场景模式都有采用，适合于光照比较均匀的多种环境下的拍摄，例如拍摄风景、团体合影、家庭纪念照等。

评价测光还有一个功能，即在手选单个对焦点的情况下，对焦点可以与测光点联动，对焦点的位置也就是测光的位置。因此，评价测光成为许多摄影师和摄影爱好者最常用的测光方式。

图 3.2.10　局部测光

图 3.2.11　点测光（SPOT）

图 3.2.12　评价测光

3.2.4　曝光补偿与曝光

曝光补偿，是在拍摄特殊被摄体的曝光中对数字照相机提供的曝光数据所做的必要修正，在数字照相机上用"+/–"表示（图 3.2.13）。

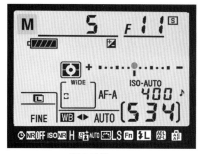
曝光补偿 EV–0

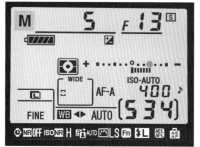
曝光补偿 EV–1

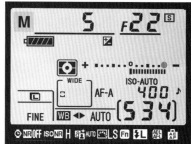
曝光补偿 EV–2

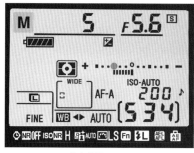

曝光补偿 EV+1

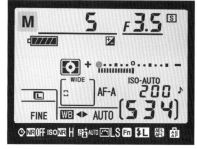
曝光补偿 EV+2

图 3.2.13　曝光补偿

在实际拍摄中，数字照相机的内测光系统对被摄体大多按照 18% 反射比中性灰的亮度提供曝光值，曝光精度会受到物体色彩、自然界中光影及各种光源的影响，在曝光中经常出现误差，影响画面色彩、影调的真实再现。这就需要对曝光量进行调整补偿。因此使用数字照相机拍摄，要根据情况适时采用曝光补偿调节功能。

曝光补偿是在现有曝光基础上进行曝光的增减。"EV"代表曝光值。如果在现有曝光基础上增加 1 档，用"EV+1"表示，称为"正补偿"；若减少 1 档，用"EV–1"表示，称为"负补偿"。那么，什么情况下需要进行曝光补偿？是做正补偿，还是做负补偿？曝光补偿的级差选择，即加几档或减几档，需要根据光线环境和拍摄经验来判断确定。一般情况下，曝光补偿值按 0.3 ～ 0.5 档作阶梯式调整，更利于获取精确的曝光值。

曝光补偿的增与减都影响曝光量的变化。例如在现有曝光基础上，使用 AV 光圈优先曝光模式，增加 1 档曝光补偿，相当于快门速度提高 1 倍的曝光量。如使用 TV 优先快门速度优先模式，每增加 1 档曝光补偿，相当于光圈放大 1 级的曝光量。在光圈和快门速度都不变的情况下，每增减 1 档曝光补偿都相当于增减 1 档曝光。正因如此，在拍摄白色景物（例如拍摄雪景等）或以白色调做背景时，想要获得更好的效果，可以增加曝光补偿以增加曝光量，做 1 档左右的曝光正补偿，使白色更白；拍摄低调的景物或大面积黑色画面时，适当调低曝光补偿以降低曝光量，做 1 档左右的曝光负补偿，会使黑色更黑。这种处理方式可归纳为"白

加黑减"。巧妙、恰当地使用曝光补偿，可以获得理想的色彩和影调（图 3.2.14）。

值得注意的是，完成曝光补偿后要及时回位，以免影响常规影调的拍摄。

图 3.2.14　拍摄白色为主的画面，可适当增加曝光补偿量，使白色更白　李军 / 摄

3.2.5　曝光锁定

在拍摄中，主体处在光线反差比较大的背景前，或不在画面中央时，直接对画面对焦或测光画面会出现部分曝光不足的现象，这时可采用曝光锁定和对焦锁定功能，半按快门进行对焦及测光，重新构图后进行拍摄。

 实践练习

1. 设置手动模式，将感光度ISO调置为100，在早上、中午、傍晚各拍一幅照片。

2. 在同一时间拍摄同一景物，拍摄一幅曝光正确的照片，然后光圈、快门速度、曝光补偿数据不变，将感光度分别提高、降低1档再各拍摄一幅照片。

3. 同一景物，用不同的测光模式各拍一幅照片，观察其变化。

4. 使用曝光补偿功能，提高2档拍摄高调画面和低调画面各一幅，然后再降低2档各拍一幅。

数字摄影艺术与实践

3.3　摄影构图　

当我们举起相机开始拍照时，在取景框内应选择什么样的表现形式才能更好地突出主体？用横画面还是竖画面？主体与陪体放在什么位置合适？画面色彩怎样平衡？要解决以上问题，需要运用构图知识。

构图一词最早起源于绘画，但摄影构图不等同于绘画构图。摄影者面对的是客观存在的景物，尽管有主观的创意，然而更多地是对客观景物的选择。

3.3.1　构图的作用

摄影构图是将摄影画面中的线条、形象、影调、色彩等在结构上进行有序安排，是摄影表现的重要手法之一。摄影是视觉艺术，构图运用得当，会增加画面的感染力，令人赏心悦目，更好地突出主体，深化主题。优秀的摄影作品是内容和形式有机的统一。

3.3.2　构图的基本原则

（1）突出主体。围绕主题，处理好主体、陪体和环境的关系。

（2）画面简洁。取景时舍弃与主题无关的景物，拍摄时可对杂乱的背景运用大光圈等技术手段进行虚化处理。

（3）结构均衡。画面中点、线、面的结构、色彩的布局要均衡。

（4）表现形式新颖。运用相应的构图法则，增强画面的感染力。

3.3.3　影响摄影构图的因素

3.3.3.1　画幅的选择

摄影构图是在取景框内方寸之间进行布局，面对主体，首先需要考虑的是画幅横竖形式的选择，采用适当的画幅会对画面内容的表现起到很好的强化作用。画幅大致可分为如下几种形式。

1. 横幅画面

凡是宽大于高的长方形都属于横幅画面。横幅画面的宽度越长，就越让人感到平稳和开阔（图 3.3.1）。当被摄画面中的景物以横线条为主、上下两条水平线长于左右垂直边线时，或表现横向运动体时，可选择横幅构图。

图 3.3.1　横幅画面　李军 / 摄

2. 宽幅画面

宽幅画面是长与宽的比例约为 2∶1 且大于横幅的画面。宽幅视角超过 90°，可用更辽阔的画面去表现景物，视觉冲击力较强，给人以新颖感（图 3.3.2）。

图 3.3.2　宽幅画面　李军 / 摄

宽幅构图适合表现宏大宽广的场景，例如风光景观、大型集会庆典活动、阅兵式等壮观的场面。宽幅构图也可以用来拍摄竖画面，展示景物的高耸挺拔。

3. 竖幅画面

竖幅画面具有上升、高耸的特性，给人以挺拔、向上、庄严之感（图 3.3.3）。这种画面最富于表现高大耸立的被摄体、竖向运动体以及有纵深感、层次丰富的景物。例如拍摄雄伟的建筑、升腾的物体、舞台表演者、运动场上运动员的腾空起跳等都可以选择竖幅画面予以表现。

4. 超竖幅画面

超竖幅画面适宜表现单一竖线线条所组成的画面，在视觉上给人以强烈感受（图 3.3.4）。

图 3.3.3　竖幅画面　李霞 / 摄　　　　　图 3.3.4　超竖幅画面　李霞 / 摄

5. 方幅

方幅画面的四边等长，上下左右无方向性，给人以稳重、静态的感觉（图 3.3.5）。被摄主体放置在画面中心，会强化被摄主体的方向性射线。例如拍摄圆形的花卉，花瓣从圆心向外扩散，这种特有的视觉形式感是横竖画幅所不能比拟的。

现在常用的 135 数字相机，感光元件成像呈长方形，在拍摄时应注意布局，按正方形构图，为后期剪裁预留空间如图 3.3.5 所示。

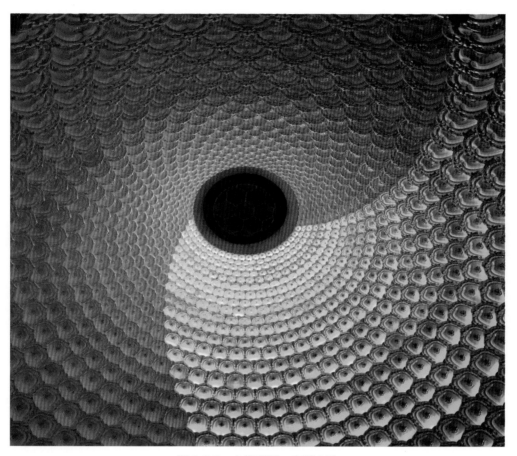

图 3.3.5　方幅画面　李霞／摄

无锡灵山梵宫顶部的彩灯造型独特，由一个圆心向外放射性扩展，形式感很强，适宜采用方幅画面予以表现。

3.3.3.2　景别的选择

景别是指摄影画面所呈现的从远景到特写变化的不同场景，是与被拍摄的具体场景相对而言的。不同的景别影响主体与环境的表现，因此景别的选择要根据所要表现的内容和创作意图来确定。

景别一般分为 5 种：远景、全景、中景、近景、特写。人物场景景别可分为全身、半身、头像等。

影响景别变化的因素有两点：一是镜头的焦距；二是拍摄距离。景别的大小与镜头焦距成反比，与拍摄距离成正比。若要选择大景别画面，就需要选择短焦距镜头或增加与被摄体的距离。

图 3.3.6 所示的一组画面是用不同镜头焦距拍摄的，镜头焦距对景别的影响显而易见。

图 3.3.6　镜头焦距变化（14 ～ 230mm）形成不同景别的画面　李军/摄

1. 远景

在摄影构图中，远景如同中国古代画论中"远取其势"之说。远景画面的拍摄要点在于"取势"，即表现景物的整体气势，在拍摄取景时应采用大场面渲染整体气势和环境气氛，从大处着眼，把握住画面整体结构，并使其化繁为简，舍弃细部与细节的追求与表现。例如拍摄风光要把握住大山大川的整体形态，表现出层峦起伏、深远缠绵的气概（图 3.3.7）。拍摄远景，应选择高角度，登高可望远，如同诗中所说"欲穷千里目，更上一层楼"。

图 3.3.7 远景 李军 / 摄

2. 全景

全景表现被摄场景的全貌及所处环境的特征（图 3.3.8）。它的取景范围比远景范围小，主体在具体环境气氛烘托下完整而突出。全景画面雄浑宏大，构图丰满充实，无空泛之感。全景画面对构图的要求严格，既要突出主体，又要处理好主体与环境之间的关系，使其融为一体，相互映照。全景画面适合于拍摄集会的场面、运动会开幕与闭幕式、建筑、风光等。

图 3.3.8 全景拍摄 李霞 / 摄

3. 中景

中景的场景介于全景与近景之间。中景在表现主体的同时，还可以反映出与景物之间的相互关系和一定的环境背景，善于表现主体与陪体、主体与环境、主体与其他景物间的呼应、对比等关系。中景的特点在于恰当地表现人与人、人与物、物与物之间的关系，如图 3.3.9 和图 3.3.10 所示。

图 3.3.9　中景　李霞 / 摄

图 3.3.10　中景　李霞 / 摄

　　中景是新闻摄影、人物摄影、生活摄影中最常用的一种景别。拍摄时，表现手法比较灵活，适合不同景深的表现，运用小景深可获得虚实对比的效果，运用大景深可以使主体、陪体均得以清晰表现。采用中景拍摄生活中的旅游照，既能看到清晰的人物神态，又能表现出周围优美的风景。

图 3.3.11　人物近景　李霞 / 摄

4. 近景

近景主要表现被摄体的主要特征，主体在画面中占大部分面积，环境背景略作交代。表现人物时，主要是对人物的神态、表情等进行具体细微地刻画（图 3.3.11）。拍摄景物时应突出质感，使其得到更加细腻的表现（图 3.3.12）。

5. 特写

特写是对被摄体的局部进行细微地表现，给人强烈的视觉感受，在突出主题方面能够起到画龙点睛的作用。被摄体在画面中占大部分面积，可以忽略背景（图 3.3.13），经常用来拍摄人物，通过表现人物面部神态来反映人物的内心活动（图 3.3.14）。

由于特写表现的是被摄体的局部，侧重画面细节的刻画，拍摄时一定要将焦点聚实，确保主体得到清晰表现。

图 3.3.12　景物近景　李霞 / 摄

图 3.3.13 花卉特写 李霞 / 摄

图 3.3.14 人物特写 李霞 / 摄

拍摄人物时，全身为全景，膝盖以上为中景，腰部以上为近景，胸部以上为特写。拍摄比特写更近部分，例如人的脸部、双眼，为大特写。

3.3.3.3 拍摄角度的选择

摄影构图离不开对客观对象拍摄角度的观察。取景时，选择角度不同，产生的画面也不同。通常的拍摄角度分为仰角拍摄、俯视拍摄和水平拍摄。

1. 仰角拍摄

仰角拍摄自然景观可以压低地平线，掩没杂乱的背景，展现广阔的天空，改变前后景物的自然比例，形成一种异常的透视效果（图 3.3.15）。

采用仰角拍摄拍摄舞台上的跳跃动作或体育运动中的跳高动作，可夸大跳跃的高度；拍摄竖立的物体或高大的建筑，可以获得挺拔直立、刺破青天的效果（图 3.3.16）。仰角拍摄人像不仅可以突出表现人物形象的高大（图 3.3.17），还可纠正人脸上宽下窄的缺陷。

仰角大小与拍摄距离有关，距离近，仰角大，透视变化大；距离远，仰角小，透视变化小。如果运用不当，会造成严重变形，有损被摄者的形象，或造成建筑后倾歪斜的错觉。

图 3.3.15 仰角拍摄 李霞 / 摄

图 3.3.16　仰角拍摄　李霞 / 摄　　　　　　　图 3.3.17　人物仰角拍摄　李霞 / 摄

2. 俯视拍摄

俯视拍摄自然景观会使地平线升高或者消失，给人登上山顶一览众山小之感。俯视拍摄适合于表现规模和气势宏大的场景，能展现巨大的空间效果（图 3.3.18）。表现辽阔的原野、大型体育运动和文艺表演等大规模的场面时，常用俯视拍摄。

人像摄影中采用俯视拍摄，若运用不当会对人的形象起到丑化作用，一般只在被摄人物的面部有上窄下宽的缺陷时，才采用这种角度拍摄。

图 3.3.18　俯视拍摄　李霞 / 摄

3. 水平拍摄

水平拍摄的角度又可分为正面、前侧面、侧面、背侧面和背面。

水平拍摄适合于表现具有明显线条结构或有规则图案的物体，其拍摄效果接近于人们观察事物的习惯，透视感比较正常，不会使被摄对象因透视变形而遭到歪曲（图3.3.19）。拍人像时，凡是人物面部结构正常的都采用水平拍摄，它可以使五官端正的脸型得到比较好的表现（图3.3.20）。

水平拍摄的不足是往往把处于同一水平线上的各种景物，相对地压缩在一起，缺乏空间透视效果，不利于层次感的表现。

图3.3.19 水平拍摄景物 李霞/摄

图3.3.20 《苗家女》（水平拍摄人物） 李霞/摄

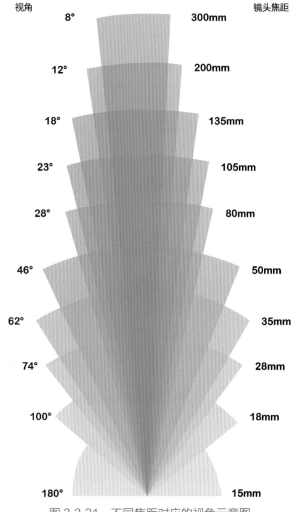

视角   镜头焦距

8°   300mm

12°   200mm

18°   135mm

23°   105mm

28°   80mm

46°   50mm

62°   35mm

74°   28mm

100°   18mm

180°   15mm

图 3.3.21　不同焦距对应的视角示意图

3.3.3.4　镜头焦距和光圈的选择

摄影构图还与镜头的焦距和光圈密切相关，镜头焦距和光圈的变化对构图有着直接的影响（图 3.3.21）。镜头焦距不同相对应的视角不同，所形成的画面构图也不同。

镜头的焦距变化会影响画面景别，引起画面视野、虚实影调、气氛变化，并且主体景物成像大小及比例也会随之改变。

镜头光圈的变化，会改变画面景深透视效果。同一焦距的镜头，光圈大小不同，画面的景深虚实也将不同，从而形成不同的画面构图，如图 3.3.22 所示。

镜头静止、晃动或移动，也会产生不同效果的构图。镜头不动，延长曝光时间产生的效果，如图 3.3.23 所示。

F4   F5.6   F8

F11   F16

图 3.3.22　光圈变化对画面景深透视的影响　李霞 / 摄

图 3.3.23　镜头不动、延长曝光产生的效果　李军 / 摄

3.3.4　构图表现形式

我们拍摄的对象是千姿百态、形状各异的，有连绵起伏的群山，有建筑物、桥梁、树木，还有人物等，构图时注意不要局限于被摄体的一般特征，可以将其抽象化，看做是点、线条、形状、质地、明暗、颜色的组合体，观察其具有哪些构图要素，选择最合适的形式去表现。摄影构图常见的表现形式有以下几种。

3.3.4.1　黄金分割

黄金分割是古希腊人发明的一种数学比例，其原理是将一条线段一分为二，使较长部分与较短部分之比等于整体与较长部分之比，比值约为 1：0.618。0.618 被称为黄金分割率，这一比例被认为是最能引起人的美感的比例。用黄金分割率形成的长方形，其短边与长边之比为 2：3、3：5、5：8、8：13 等。数字照相机拍摄的 24mm×36mm 尺寸的影像，其邻边之比为 2：3，其尺寸正是根据黄金分割比例设计的。黄金分割这一规则的意义在于提供了一条被合理分割的几何线段，遵循这一规则的构图形式令人赏心悦目。

三分法是黄金分割的简化版，就是用两条垂直的分割线按黄金分割比例将画面分成三等分，所形成的画面被称为平面创作的"三分之一定律"，又称"三分法"（图 3.3.24）。取景构图时，把主体放在 1/3 线上，不仅能突出主体，交代环境，而且视觉感受很舒服（图 3.3.25）；如果把主体放在画面 1/2 的位置，画面就显得呆板，有分割感。所以，拍摄风光画面时，地平线的位置通常放在 1/3 线上。

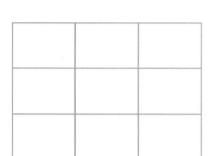

图 3.3.24　三分法示意图

图 3.3.25　三分法运用图例　李军 / 摄

　　此图按三分法布局，将渔船放置在趣味点上，天空安置在画面 1/3 处，整幅画面构图均衡，给人以舒适感。

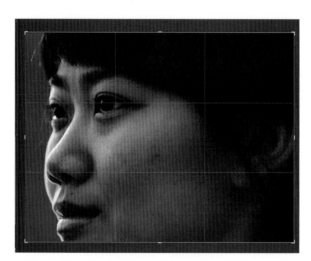

图 3.3.26　人物特写采用黄金分割法构图　李霞 / 摄

图 3.3.27　安置在黄金分割线上的
建筑引人注目　李霞 / 摄

　　在三分法划分的画面上，两条平行的垂直分割线与两条水平分割线垂直相交，将画面分成 9 格，呈井字形，井字形的 4 个交叉点是最吸引人视线的位置，又被称作"黄金分割点"。

　　无论是横幅构图还是竖幅构图，黄金分割点都是安排主体的最佳位置。例如拍摄人物特写，可以把人物的眼睛部位放在黄金分割点上，拍出的人物就会显得格外有神（图 3.3.26）。

　　拍摄景物也是如此，把主体安置在黄金分割点上，很容易吸引人的视线。例如图 3.3.27所示，画面中的建筑物被安排在左边的黄金分割点上就格外醒目，整个画面看上去均衡舒服。

3.3.4.2　均衡布局

　　画面构图要求画面结构的均衡与统一。摄影画面构图布局的均衡既有景物形状、影调、色彩形式上的均衡，也有其他因素带给人视觉感受上的均衡。需要注意的是，画面呈现的景物分量并不等同于景物实际重量。在同一画面中，近景重于远景；有生命的重于无生命的；运动的物体重于静止的景物；深色调重于浅色调；暖色调重于冷色调。而处在画面视觉中心的很轻的一个景物，可以平衡画面其他位置的很重的景物。了解画面均衡的实质，把握画面的均衡结构要素，有助于我们更好地表现主题（图 3.3.28）。

图 3.3.28 蜜蜂在大面积的空白处均衡了画面布局
李霞 / 摄

画面左下方盛开的鲜花占据了整个画面的半壁江山，右上角一只小小的蜜蜂不仅给画面增添了生机，而且起到了很重要的均衡作用。

3.3.4.3 对比

在画面表现中，对比是重要的艺术造型手段。对比有作品思想内容方面的对比和形式上的对比两种手法。

作品内容的对比，一般是把相互对立的事件或形象加以比较，例如先进与落后、新与旧、贫与富等方面的对比。著名摄影作品《手——乌干达干旱的恶果》，就是通过乌干达儿童在干旱之年因饥饿而骨瘦如柴的黑色小手和与之相握的牧师白嫩的大手所形成的鲜明对比，反映乌干达干旱的程度，同时也反映了世界的贫富差距。

《圆梦》（图 3.3.29）这幅作品采用了过去与现在的对比手法。我国申奥成功时，这位小学生来到天安门前拍下了手中的纪念照，

图 3.3.29 《圆梦》（对比） 李霞 / 摄

7 年后，奥运会在北京举办时，她又来到当年拍照的地方留下了这永久值得纪念的瞬间。

形式上的对比主要有形体对比、影调对比、色彩对比、质感对比等。

形体对比又可分为大小对比、虚实对比、疏密对比。

影调对比主要是明暗的对比，一般有 3 种形式：暗的主体映衬在亮的背景上；亮的主体映衬在暗的背景上；亮的或暗的主体映衬在中性灰的背景上。总之，影调的明暗对比主要是

利用明暗反差突出主体（图 3.3.30）。

色彩对比可采用色相的同种色、类似色、对比色等表现手法，用色差映衬、凸显主题（图 3.3.31、图 3.3.32）。

质感对比手法，即利用质感上的差异，获得很好的视觉效果。例如，用平滑的物体与粗糙的物体进行对比等。

3.3.4.4 线性构图

在摄影画面的构图中，线性构图的表现方法很多，有水平线构图、斜向式构图、曲线构图、S 形构图、L 形构图等。想要在拍摄中更好地运用以上构图方法，首先应了解线条的特性。

图 3.3.30 影调的明暗对比 李霞 / 摄

图 3.3.31 用色彩的对比色突出主体 李霞 / 摄

图 3.3.32 采用色调对比凸显优美的景色 李军 / 摄

线条有其自身的语汇，有象征性和联想作用，例如，有的显示力量和信心，有的蜿蜒迂回，有的连绵优美，有的由粗变细，飘然而逝；垂直线给人以生命、尊严、永恒的联想；斜线给人以动感、危险的联想等。在被摄主体所处的环境中，可能有许多纷杂的线条，了解了各种线条的内在含义，就可以选择最有特征的线条用以强化主题。

1. 水平线构图

水平线构图具有横向延伸的形式感和横向流动感，属于安定式构图，给人安闲平静的感觉，适宜于表现表面平展广阔的景物，如宁静的湖面、辽阔的草原（图 3.3.33）、田野等。

图 3.3.33 水平线构图 李军 / 摄

2. 斜向式构图

斜向式构图又称斜线式构图、对角线式构图，是指用倾斜的线条、影调或是倾斜状的物体把画面对角线连接起来形成的构图形式。斜向式构图给人一种不稳定、倾倒之势，能打破画面的平静和静止状态。采用斜向式构图，可使画面生动，有动感，充满变化和生机（图 3.3.34）。

3. 曲线构图

曲线构图包括规则曲线构图和不规则曲线构图。曲线象征着柔和、浪漫、优雅，给人一种非常美的感受。在摄影构图中，曲线有多种表现方式，应用非常广泛，用于拍摄人体摄

图 3.3.34　斜向式构图　李霞 / 摄

影，可呈现人体的曲线美。摄影者在运用曲线的过程中，要注意曲线的总体轴线方向（图 3.3.35、图 3.3.36）。

4.S 形构图

S 形曲线由于它的扭转、弯曲、伸展所形成的线条变化，使人感到意趣无穷。S 形构图在中国画中，称为"之"字形布局，强调平面分割的曲折变化和内在联系。

图 3.3.35　曲线构图　李军 / 摄

图 3.3.36　曲线构图　李霞 / 摄

S 形构图通常有两种：一种是画面中的主要轮廓线构成 S 形，从而在画面中起主导作用。这种构图以人物摄影构图为主；另一种是在画面结构的纵深关系中所形成的 S 形，它在视觉上对观众的视线产生由近及远的引导，按 S 形伸展方向，深入到画面意境中去（图 3.3.37）。

图 3.3.37　S 形构图　李军 / 摄

5. L 形构图

L 形构图同框式构图一样，都属于边框式构图之例，是一种巧妙地运用情景进行构图的最佳方式之一，是风光摄影最常用的表现形式。

摄影者利用 L 形前景画面中留出的部分空间，只要精心构思和安排进一小点景物加以描绘，马上就会使画面产生无限生机和情趣（图 3.3.38）。

图 3.3.38　L 形构图　李霞 / 摄

6. 辐射式构图

辐射式构图同时具有两种特征，它既可以突出中心（图3.3.39），又具有放射向外扩展的视觉功能（图3.3.40）。

辐射式构图所产生的强烈辐射画面效果，可通过广角、超广角镜头平行透视拍摄获得，也可以使用变焦镜头推拉拍摄达到。

图3.3.39 辐射式构图一 李霞/摄

图3.3.40 辐射式构图二 李霞/摄

图3.3.41 三角形构图 李霞/摄

3.3.4.5 形体构图

1. 三角形构图

三角形构图可分为一般三角形构图（图3.3.41）、等边三角形构图。等边三角形构图也称金字塔式构图，是非常稳定的构图，视觉平衡感极强。

2. 框式构图

框式构图是利用摄影现场离镜头较近的物体，如门、窗、涵洞等作为前景，在画面周围形成一个边框，因而称之为框式构图（图3.3.42）。框式前景不仅能引导读者的视线，而且还能遮挡那些杂乱、分散注意力的景物，同时还能交代出画面的环境、地点、季节等。

框式构图的边框不仅有装饰效果，而且由于影调的明暗对比和边框的衬托作用，有助于突出画面的主题，使画面产生较强的透视感（图3.3.43）。在拍摄时宜使用广角镜头用逆光拍摄。

图 3.3.42 《别有洞天》（框式构图） 李霞 / 摄

图 3.3.43   框式构图   李军 / 摄

3. 装饰构图

装饰涵盖着各个造型艺术领域。装饰性构图最有特色的是具有图案效果的构图画面（图
3.3.44）。这种画面是利用交替、间隔、重复、渐变所形成的节奏和韵律来吸引观众注意力的。

4. 棋盘式构图

棋盘式构图是指同一属性的物体以一种重复统一的形式使画面产生优美的韵律感和统一
感。拍摄有一定规律的物体可采用这一构图方式（图 3.3.45、图 3.3.46）。

3.3.5   前景与背景的运用

在摄影构图中，摄影者经常遇到被摄主体前后景物繁多的情况，拍摄时可选择部分景物
作为前景，部分景物作为背景，以突出主体，增加画面的美感。

图 3.3.45　棋盘式构图一　李霞 / 摄

图 3.3.44　装饰构图　李霞 / 摄

图 3.3.46　棋盘式构图二　李霞 / 摄

3.3.5.1　前景

　　前景是画面主体前面的景物，也是画面空间距离视点最近的景物，因而前景可以显示出主体之间的远近不同距离和层次。前景的特点是距照相机镜头最近、成像比例大、影调较深。

　　常用的处理前景的技法有以下 3 种。

　　（1）虚化前景，以虚衬实法。排除对主体的干扰，通过虚实对比突出主体，点明主题（图3.3.47）。

　　（2）实化前景。实化的前景可以使主体得到呼应，增强画面构图上的层次和变化。实化前景一般都与主体在内容上、结构上产生内在的联系，对主体起着重要的说明、点化、美化等作用。前景虚能生辉，实能添彩（图 3.3.48）。

图 3.3.47　虚化前景构图　李霞 / 摄

图 3.3.48　实化前景构图　李霞 / 摄

（3）夸张前景。为了使构图富有多样性的变化，增强画面对比度和透视效果，可以用广角、超广角镜头，甚至鱼眼镜头使前景加大、夸张变形，产生特殊艺术效果（图 3.3.49）。

3.3.5.2　背景

背景是用于映衬和烘托主体的，也可以起到美化画面的作用。背景选择宜简洁，如遇杂乱背景，可做虚化处理（图 3.3.50）。背景的影调与色调的选择应凸显主体。

3.3.5.3 陪体在画面的地位和作用

陪体是指画面上与主体构成一定的情节、帮助表达主体特征和内涵的对象。陪体的选择，要能用来帮助刻画人物的性格、表现事件的特征，陪体在画面的位置必须以不削弱主体为原则，不能喧宾夺主（图 3.3.51）。

图 3.3.50　背景虚化处理　李霞 / 摄

图 3.3.49　夸张前景构图　李霞 / 摄

图 3.3.51　陪体的作用　李霞 / 摄

拍摄者在介绍英国这座小城时，将当地标志性的纪念雕塑的剪影作为前景（即陪体），使观者感受到这是一座历史悠久、有文化底蕴的城市。画面中的剪影与后面明亮的城市建筑形成明显的对比，增加了画面的透视感。

 实践练习

1. 运用构图法则拍摄两幅突出主体的画面。

2. 拍摄两幅有前景的画面。

3. 拍摄两幅有较强透视效果的画面。

4. 同一景物采用不同的角度（水平、仰拍、俯拍）进行拍摄。

5. 运用线性构图和形体构图中的一种形式各拍一幅作品。

3.4　清晰表现

摄影的基本特性就在于真实地再现，只有清晰表现才能做到真实。影像画面拍摄得是否清晰，直接影响作品的表现力。影响画面清晰表现有以下几个方面。

3.4.1　持机姿势

影响画面清晰的首要因素是拍摄者的持机姿势（图 3.4.1）。正确的持机姿势有以下几个要点。

图 3.4.1　正确的持机姿势

（1）肢体稳固，这样有助于拍摄时保持相机平稳。

（2）用左手掌托住机身，左手的拇指和食指放在对焦环调节处，如使用变焦镜头，则放在变焦环处；如使用手动模式，调节焦距后再移至对焦环聚焦。

（3）拍摄横画面时，双手平举、两臂靠近身体，避免晃动。

（4）拍摄竖画面时，将相机向左竖起 90°，右手在上，左手在下。

（5）使用长焦镜头，可将身体和持机左手靠放在支撑物体上，保持稳定。

3.4.2　对焦

对焦是获得清晰画面的关键。数字单反相机的对焦系统分为自动对焦和手动对焦。采用自动对焦系统，首先将镜头或机身上的"AF/MF"转换钮拨到"AF"位置，根据情况选择相应的自动对焦模式。常见的自动对焦模式有 3 种。

（1）单次自动对焦。在半按快门对焦后，相机可轻微移动相机进行再次构图，适用于静止的被摄体。

（2）人工智能伺服自动对焦模式。这种模式适合于拍摄运动中的被摄体。

（3）人工智能自动对焦模式。介于单次自动对焦与人工智能伺服自动对焦之间，对焦速度稍慢一些。

需要强调的是，无论采用哪种对焦模式，取景对焦时一定要保证将焦点对在主体上，使用自动对焦系统，有时对反差强、距离近、速度快的物体进行聚焦时，会出现"跑焦"现象；

有时画面主体处于光线较弱或画面色彩明暗对比反差较小的情况下，也不容易对焦，比如拍摄夜晚的景物或玻璃橱窗里的商品等。遇此情景，可选择手动对焦功能拍摄，以保证影像清晰。

3.4.3　ISO 感光度对画质的影响

低感光度画面　　　　　　高感光度画面

图 3.4.2　低感光度与高感光度的画面对比　李霞／摄

数字相机感光元件对光线的敏感程度用感光度数值大小表示。拍摄时，在光圈不变的情况下，感光度数值越高，对光越敏感，快门速度相应随之越高，画面清晰度就会得以保证。但是受目前感光元件性能所限，感光度过高，会产生画面噪点增多，细节的锐度、色彩饱和度下降等现象，使画面的质量受到影响。

在现阶段，大多数相机的感光度设置在 ISO 400 以下，能够确保清晰的画质（图 3.4.2）。当感光度设置到 ISO 800 以上时，画面质量就会明显下降。所以，不要盲目提高感光度。

3.4.4　快门速度的控制

快门速度设置是否得当，直接影响画面清晰度的表现。面对不同运动速度的被摄体，拍摄时需要设置相应的快门速度，否则图像就会模糊虚化（图 3.4.3）。

图 3.4.3　高速快门瞬间拍摄的画面　李霞／摄

如果是拍摄夜景或在黑暗的环境下拍摄，快门速度过慢时，应尽量使用三脚架。为避免按快门时相机受到震动，可使用快门线和遥控器。

手持长焦距镜头拍摄时，因不易端稳也会导致画面模糊，此时可使用安全快门速度保证画面的清晰。所谓安全快门速度，就是用所使用的镜头焦距的倒数作为拍摄时设置的快门速度。例如，使用 200mm 的长焦镜头，这支镜头的安全快门速度就是 1/200s，拍摄时快门速度设置只要不低于这个数值，即可获得清晰的影像。

实践练习

1. 自行设置适当的快门速度，拍摄一幅清晰的动体画面。

2. 用手动聚焦模式拍摄一幅主体清晰的画面。

3.5 景深运用

景深对于摄影画面的表现尤为重要，景深运用得当，画面虚实对比、主体陪体就会相得益彰，有利于主题的表现。

3.5.1 景深的概念

景深是指相机拍摄出的画面景物清晰的范围。焦点到最近清晰点的距离为前景深，焦点到最远清晰点的距离为后景深。后景深是前景深的 2 倍左右（图 3.5.1）。

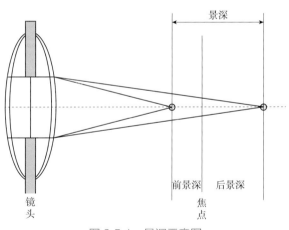

图 3.5.1 景深示意图

3.5.2 影响景深的因素

影响景深有以下 3 个基本因素：镜头光圈、镜头焦距、拍摄距离。

3.5.2.1 光圈与景深

在镜头的焦距和拍摄距离（物距）不变的情况下，开大光圈，画面反映的清晰范围，也就是景深，就会相应缩小；缩小光圈，画面的景深就会增大。用调整光圈控制景深，拍出来的画面视角和透视关系能保持一致，所以在拍摄中经常使用光圈对景深进行控制（参见本章

图 3.2.7)。

3.5.2.2 镜头与景深

镜头的焦距越长，景深越短；反之，则景深越大。

3.5.2.3 拍摄距离与景深

在焦距和光圈不变的情况下，景深的大小取决于被摄物体的距离。物距越远，景深越大；物距越近，景深越小。

了解了以上三方面因素对景深变化的影响，在拍摄中，可将三者加以综合运用。

3.5.3 景深的运用

大景深主要用来拍摄需要清晰范围大的一些画面（图 3.5.2 ），例如大场景、风光等。小景深则常在因周围景物杂乱需突出主体、虚化前后景物时采用，常用于近景、人物特写、花卉等画面的拍摄（图 3.5.3、图 3.5.4 ）。

拍摄时，如需要大景深画面，可缩小光圈，将光圈调至 F8 以下，但也不宜缩至太小，超过 F22，容易产生衍射现象降低清晰度和锐度。还可以使用短焦距镜头，获取大景深。焦距越短，景深越大。远离被摄体也可以增加画面的景深。在增加物距的同时，应注意对构图和透视的影响。

图 3.5.2　运用大景深拍摄效果　李霞 / 摄

图 3.5.3　运用小景深拍摄花卉效果　李霞 / 摄　　　　图 3.5.4　运用小景深拍摄游鱼效果　李霞 / 摄

如需要获取虚化背景、突出主体的小景深画面，可采用与拍摄大景深相反的方法，调大光圈、使用长焦距镜头、缩小与被摄体的距离。

实践练习

1. 用同一焦段的镜头，拍摄同一场景，站在距离被摄体不同的位置拍摄，对景深范围进行观察并做好记录。

2. 用同一景别拍摄一组不同光圈的画面，观察景深变化。

3.6　色彩应用与调节

影像色彩还原就是通过摄影技法使所拍摄的景物本身色彩能够得到真实的再现。首先我们先了解一下色彩的形成与属性，再探讨如何使用数字相机白平衡功能调整影像色彩在还原中所形成的色差。

3.6.1　色彩的属性

色彩是发光体（太阳、灯光）照射在物体上反射出的混合色光所呈现的颜色。我们知道在可见的光谱中，红、橙、黄、绿、青、蓝、紫色相是由不同光波形成的，不同的物体对发光体的光线光波吸收程度不一样，所以色彩又分为消色（无色彩）和彩色。

当物体对所受的白光基本不能分解吸收，反射出来的还是白光，就给人以消色的感觉。有的物体虽然对所照射的白光也不能分解，但是它能够大量地吸收，于是呈现出深灰色和黑色。物体对光线各光波非选择性吸收就形成了从白到黑的一系列消色。

有些物体对照射光源的光波有选择性地吸收，所呈现出的就不再是消色而是彩色了。如景物中所呈现的绿色，太阳光中的黄、红、橙、青、蓝、紫等色光较多地被绿色景物所吸收，绿光较多地被反射出来，所以整个画面呈现了绿色。

任何一种颜色都具有 3 种属性，即色相、明度和纯度，又称色彩三属性。

色相是指可见光谱中不同的色别，即红、橙、黄、绿、青、蓝、紫等。

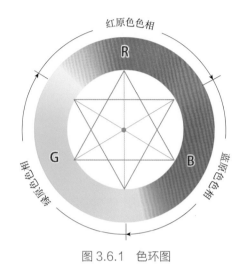

图 3.6.1　色环图

明度是指颜色的明暗差别。在消色中（无色彩），白色明度最高，黑色明度最低。在彩色中，不同色别所具有的明度不一样，黄色明度最高，红色和绿色次之，蓝色和紫色明度最低。同一色别因受光线强弱不同所具有的明度也不一样，明度的差异可导致同一色别颜色的深浅。同是蓝色，又可形成淡蓝、蓝、深蓝等。色彩的明度变化直接影响摄影画面的层次感和立体感，如图 3.6.1 色环图所示。

纯度又称饱和度，是指色彩的鲜亮程度。纯度的变化会带来色彩的变化。

3.6.2　色彩的应用

面对五彩缤纷的大千世界，拍摄时，如何把五颜六色的景物在有限的画面中有序地加以展现？了解色彩的特性有助于我们对色彩更好地加以运用。

色谱中彼此相邻的颜色在一起，又称为相邻色。色相过渡均匀，色差小，形成的画面色调给人以和谐感（图 3.6.2），例如黄色和红色搭配，绿色和紫色搭配。

图 3.6.2　相邻色构成的色调和谐的画面　李霞 / 摄

在色谱中处于相对位置的两种颜色称互补色，色彩反差强烈，形成的画面视觉冲击力强，例如红色和蓝色搭配。

掌握了色彩的这些特性，拍摄中就可以灵活运用。在处理主体色调与陪体色调时，就可采用对比强烈的互补色，更好地突出主体（图 3.6.3、图 3.6.4）。

彩色又被分为暖色和冷色。通常将红、黄、橙色称为暖色，它能给人以热烈、奔放、温暖的感觉，常用来表现女性人物、风光及喜庆的场景（图 3.6.5）。绿、青、蓝被称为冷色，它会给人带来宁静、清澈、寒冷的感觉，常用来表现山川河流等自然景观（图 3.6.6）。色调和谐的画面常给人愉悦之感（图 3.6.7）。

图 3.6.3 色彩反差强烈的画面 李军 / 摄

图 3.6.4 色彩反差强烈、凸显主体的画面 李霞 / 摄

图 3.6.5 暖色调画面景色 李军 / 摄

图 3.6.6 冷色调画面景色 李军 / 摄

图 3.6.7　色调和谐的画面景色　李军 / 摄

　　运用消色以黑白色调为主拍摄画面，例如大面积白色樱花或用顺光拍摄营造出的高调画面，或采用逆光拍摄以黑色为主的低调画面，也具有较强的视觉冲击力和感染力（图 3.6.8 ～图 3.6.10）。

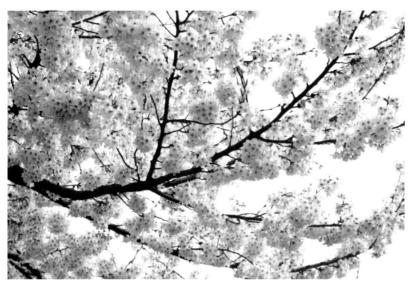

图 3.6.8　高调画面景色　李霞 / 摄

图 3.6.9　用低调处理背景拍摄
的画面　李霞 / 摄

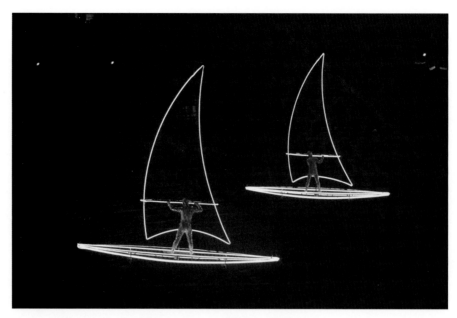

图 3.6.10　低调画面　李霞 / 摄

3.6.3　色差调整——白平衡

数字照相机拍摄的影像色彩出现色差，可使用白平衡来调整，通过调整白色光中的红、绿、蓝三原色的比例，以还原白色为依据，对其他颜色进行校正。

数字照相机白平衡操作模式一般分为自动白平衡、太阳光白平衡、荧光灯白平衡、阴天白平衡、阴影白平衡、闪光灯白平衡和色温调节模式。拍摄者可根据现场情况选择相应模式。

自动白平衡是数字照相机根据不同的光线情况进行自动调节，使用方便，准确率比较高。如果出现偏色，可以使用手动白平衡调节。其他白平衡模式功能应根据拍摄现场环境，在相机白平衡模式上选择。如果拍摄环境的光线非常复杂，也可将相机白平衡设置为自定义白平衡。其设置方法为：在现场主光源顺光照射下，先用一张白纸充满画面拍摄一幅照片，然后再开始拍摄被摄体。如果要求十分准确，则可使用菜单中的色温数据来调整。白平衡又被称为色温补偿。

白平衡的各种模式都是根据不同光源的色温值来设定的。色温是指光源发光含色的程度，单位为 K（开尔文）。色温的数值来源于一项实验：将一块绝对黑体置于绝对的黑暗环境，在 −273℃条件下加热。随着温度的升高，绝对黑体呈现出由暗红至红、橙、黄、白、青、蓝色的可见光。当温度达到 9727℃时，可见光的含色程度相当于蓝天的蓝光，色温为 9727+273=1000K，色温越高，光色越偏蓝；色温越低，光色则越偏红。大多数光源色温值是固定不变的，如电子闪光灯、白炽灯、钨丝灯等。日光的色温则是例外，它伴随时间的推移而变化。日出时，色温偏低，约 2200K，光色偏红；约 40min 后，日光色温升至 3000K

时，色光变黄色；中午时，色温升至 4800 ~ 5800K，色温呈现白色；到日落时，色温又降至 2200K，偏红色。阴天的正午，色温最高，可达 6500K。由此可见，色温的变化会带来光色的变化。采用白平衡调节色温，实则是在调整光色。

　　色温示意图如图 3.6.11 所示。同一画面不同色温的效果对比如图 3.6.12 所示。色温参考表见表 3.6.1。

图 3.6.11　色温示意图

色温值调至 4000K 时呈现的冷色调

色温值调至 7000K 时呈现的暖色调

图 3.6.12　同一画面不同色温效果对比　李军 / 摄

表 3.6.1　色 温 参 考 表

模　式	色温/K	使用场景
自　动	3500~8000	对所有光源的特有颜色进行自动补偿，对多种混合光源也有补偿效果
白炽灯	3000	在室内白炽灯照明下使用
荧光灯	4200	在室内荧光灯照明下使用
日　光	5200	在阳光直射下使用
闪光灯	5400	在运用闪光灯情况下使用
阴　天	6000	在白天多云或者阴天时使用
阴　影	8000	在被摄物体处于阴影下时使用
自定义	—	根据中灰或白色物体作为白平衡参考时使用

　　在拍摄中，可以根据拍摄需求，调整色温值，营造冷暖不同的色调。还可以利用不同模式白平衡的特性，采用错位使用白平衡的方法改变色彩，产生特殊效果，增加画面的意境（图3.6.13）。例如拍摄日落或日出的景色，将白平衡调至阴天模式，原本偏暖色的画面会变得更红，色彩更加鲜艳。

图 3.6.13　采用错位白平衡拍摄的画面　李军 / 摄

实践练习

1. 运用色彩的相邻色拍摄一幅色调柔和的作品。

2. 运用色彩对比手法拍摄一幅突出主体的作品。

3. 在日光下，对同一景物，运用白平衡的不同模式各拍摄一幅作品，再手动调节色温值，在不同的色温值下拍摄作品，通过比较两组画面所形成的色差，观察色温的变化。

3.7　附件的使用

要学好摄影，除了要了解和掌握照相机的原理与拍摄技巧外，还要注意摄影器材附件的挑选与使用。常用附件有三脚架、快门线、滤色片等，它们是保证摄影作品质量的基本因素。

3.7.1　三脚架

三脚架不仅是家庭聚会或合影时的自拍工具，更是暗光条件拍摄及创意摄影最重要的摄影附件。

三脚架主要分为两个部分：脚架部分和云台部分（图 3.7.1）。脚架部分用于支撑站立，云台用于连接相机并调整拍摄角度。

脚架部分　　　　　云台部分

图 3.7.1　三脚架

选购三脚架要注意以下几点：

（1）稳定性。大部分品牌的三脚架分为大、中、小号，主要的区别体现在 3 条腿的管径以及架子的高度上。

（2）便携性。考虑出行携带便捷等因素，三脚架的收合长度最好在 50 ～ 60cm 之间。

（3）价格。三脚架的品牌和材质不同价格也不同。使用者应该根据自身的预算以及主要拍摄题材综合选择最适合自己的价位的三脚架。不要盲目追求高价。

小贴士

三脚架的重量与稳定性成正比；腿管粗细与稳定性成正比；重心高低与稳定性成反比；节数与稳定性成反比。

（4）高度。购买三脚架需要注意高度的 3 个相关数据：不升起中轴的最大高度、升起中轴的最大高度以及最低高度。一般使用 135 数码单反眼平取景相机，不升起中轴的最大高度应该等于拍摄者身高减去 35cm 为宜。若使用 120 腰平取景相机，不升起中轴的最大高度应等于拍摄者身高减去 60cm 为宜。

（5）功能和工艺。购买时应注意三脚架是否有适合不同地面的脚钉；制作工艺是锻造还是铸造，是否防尘、防水、防沙、防老化，是否有附加功能（例如拆卸一根支架当做独脚架使用）等。

三脚架品牌主要有捷信（Gitzo）、富勒姆（FLM）、曼富图（Manfrotto）、金钟（Velbon）、环宇（LVG）、捷宝（TRIOPO）、竖立、伟峰等品牌。

3.7.2　快门线

相机使用者在按下快门时，会或多或少地导致相机抖动，这将对画面的质量产生影响，甚至破坏画面的完整性。快门线可以让拍摄者在不触碰相机的情况下控制相机快门，最大限度地防止因触碰相机或者用力过大而导致的抖动。

目前市场上的快门线大致分为 3 种：简易快门线、可编程快门线和无线遥控器（图 3.7.2）。

简易快门线　　　可编程快门线　　　无线遥控器

图 3.7.2　常见快门线

3.7.3　滤色片

滤色片也称为滤光镜，是一种根据不同波段对光线进行选择性吸收（或通过）的光学器件，由镜圈、弹簧和滤光片组成。滤色片一般以前置为主，安装在镜头前面。黑白摄影用的滤色片主要用于校正黑白片感色性、调整反差、消除干扰光等。彩色摄影用的滤色片主要用于校正光源色温、对色彩进行补偿等。

随着图像处理软件的不断发展更新，滤色片的很多效果都可以通过图像处理软件模仿出来。但是滤色片的工作原理是在拍摄前叠加在影像传感器上，这样更加精准，也省去后期处理的环节，避免了后期处理导致的画质损失。

目前，在数字摄影中常用的滤色片有以下几种：UV 镜、偏振镜、中灰滤镜和中灰渐变滤镜。

3.7.3.1　UV 镜

UV 镜又称作紫外线滤光镜。UV 镜通常为无色透明的。有些因为加了增透膜，在某些角度下观看会呈现紫色或者紫红色。许多专业摄影师通过安装 UV 镜来保护镜头镀膜，这也是它的一项附加功能。UV 镜的主要功能是减弱因紫外线引起的蓝色调。同时，对于数字照相机来说，UV 镜还可以排除紫外线对感光元件的干扰，有助于提高清晰度和色彩效果。

3.7.3.2　偏振镜

偏振镜也称偏光镜，简称 PL 镜，是滤色镜的一种。偏振镜的主要功能是可以有选择地让某个方向振动的光线通过。在彩色和黑白摄影中，偏振镜常用来减弱或消除非金属表面的强烈反光，从而减轻或者消除光斑。例如在静物和风光摄影中，常用来表现强反光处物体的质感、突出玻璃后面的景物、压暗天空以及表现蓝天白云等。

根据过滤偏振光的机理，偏振镜可以分为圆偏振镜（简称 CPL）和线偏振镜（简称 LPL）两种。偏振镜可在以下场合使用：

（1）拍摄清澈的蓝天时，想把天空拍得更蓝（图 3.7.3）。

（2）想把被摄物体的颜色拍摄得更加鲜艳，提高图片的饱和度。

（3）当拍摄水中物体时，由于水面反光而看不清物体，例如拍摄水中的游鱼，或者想把水面拍得暗一些。

（4）拍摄静物时消除物体表面的反光。

（5）可以透过玻璃拍摄玻璃后面的东西。

未使用偏振镜　　　　　　　　　　　使用偏振镜

图 3.7.3　使用偏振镜拍摄效果对比

偏振镜的使用技巧

由于偏振镜要阻挡 1～2 级曝光量，因此在某些场合可以替代 ND2、ND4 中灰滤镜的作用。

在拍摄天空时，可以将右手大拇指和食指呈 90° 方向，将食指指向太阳，这时候拇指方向就是最佳拍摄方向。此外，由于偏光镜在最佳偏振效果时会损失 1/2～2 档光圈，因此需要进行曝光补偿。一般增加 1～2 档曝光即可。对于无法过滤掉的金属表面反光，可以在光源前面加一片大的偏振镜，这样金属反射出来的光线就是偏振光。这样就可以使用偏振镜来过滤金属表面的反光了。不过在人像摄影时最好不要使用偏振镜，否则偏振镜可能会滤掉脸部反光，使人脸失去立体感。

3.7.3.3 中灰滤镜

中灰滤镜又称中性灰度镜，简称 ND 镜。其作用是过滤光线。这种滤光作用是非选择性的。也就是说，ND 镜对于各种不同波长的光线均匀减少，它只起到减弱光线的作用，对原物体的颜色不会产生任何影响，因此可以真实再现物体的反差。

中灰滤镜有多种密度可供选择，例如 ND2、ND4、ND8、ND16、ND32，也可以多片中灰滤镜组合使用。常用中灰滤镜型号及曝光量见表 3.7.1。

表 3.7.1　常用中灰滤镜型号及曝光量

名　称	型　号	曝　光　量
中灰滤镜	ND2	可减少1级光圈和50%曝光量：$F2.8+ND2=F3.6$
中灰滤镜	ND4	可减少2级光圈和75%曝光量：$F2.8+ND4=F4.5$
中灰滤镜	ND8	可减少3级光圈和87.5%曝光量：$F2.8+ND8=F5.6$

中灰滤镜的使用技巧

使用中灰滤镜的主要目的是防止过度曝光。如果光线太亮就很难选择较慢的快门速度，这时使用中灰滤镜减少进入镜头的光线，就能够使用较慢的快门拍摄了。例如，需要在光照强烈的室外拍摄，又或者需要在正常光线条件下使用较长的曝光时间，以慢速快门拍摄瀑布以表现虚化的水流效果等，都需要中灰滤镜。

3.7.3.4　中灰渐变滤镜

这种滤镜是摄影艺术创作极为重要的滤镜之一。它可以分为渐变色镜和渐变漫射镜。从渐变形式来分，又可以分为软渐变和硬渐变。"软"指的是过渡范围较大，"硬"指的是过渡范围较小，均需要依据创作特点来选用。中灰渐变镜可以在天空晴朗日射强烈的时候用来适当地压暗天空。当与地面反差较大，以至于相机的测光系统无法满足拍摄要求时，中灰渐变镜可以降低镜头上部分入光量，避免天空出现炫白或者地面出现灰暗的情况。

以法国的高坚为例，中灰渐变滤镜有 6 片，分别是 P120、P121M、P121、P121S、P121L、P121F，其曝光量见表 3.7.2。

使用中灰渐变滤镜既可以减低画面局部的光亮度，控制某部分的反差，避免天空过度曝光或者闪光灯前景过度曝光等情况，还能令相对单调的天空重现云彩或者恢复湛蓝，还可以营造出特殊的时间氛围、渲染富有主观个性特点的天空颜色等，如图 3.7.4 所示。

表 3.7.2　常用中灰渐变滤镜型号及曝光量

名　称	型　号	曝　光　量
中灰渐变滤镜	P120	避免天空相对单调的一片白色，再现云层
中灰渐变滤镜	P121M	减低局部的光亮度而不会影响景物的任何颜色
中灰渐变滤镜	P121	能明显压暗天空，或模拟"山雨欲来"的气氛
中灰渐变滤镜	P121S 软过渡	颜色深浅与2号镜相同，但渐变过渡更舒缓平滑
中灰渐变滤镜	P121L 浅灰色渐变	灰色比1号镜要浅，渐变过渡最平滑
中灰渐变滤镜	P121F 全灰色渐变	整块滤镜从上至下，灰色从深至浅地渐变下来

 小贴士

中灰滤镜和中灰渐变滤镜在使用中的区别

中灰滤镜一般是在镜片上镀一层均匀的灰色镀膜，主要起到降低曝光量的作用。当被摄物体光线较亮时，需要使用中灰滤镜来降低曝光量，常用型号有 ND2、ND4、ND8。

中灰渐变滤镜是一种半边灰色的中灰滤镜。中灰渐变滤镜不会改变画面的色彩平衡，而是改变照片的反差。在拍摄带有天空的风光照片时，天空与地面的 EV 值相差好几级光圈，因此会出现天空曝光过度或者地面曝光不足的情况。用中灰渐变滤镜就可以有效地解决这类问题。通过旋转镜片外框来调整渐变分布的方向，将灰色的部分遮挡在天空的位置上来降低天空的亮度，均衡天空和地面之间的曝光差异，同时可以压暗天空，突出云彩。

| 未使用滤镜 | 滤镜 P152 | 滤镜 P153 | 滤镜 P154 |

| 滤镜 P120 | 滤镜 P121M | 滤镜 P121 |

| 滤镜 P121S | 滤镜 P121L | 滤镜 P121F |

| 蓝渐变 | 橙渐变 |

图 3.7.4　使用中灰滤镜和中灰渐变滤镜拍摄效果对比

 实践练习

1. 熟悉三脚架的注意事项。

2. 熟练使用偏振镜。

3. 使用中灰滤镜和中灰渐变滤镜拍摄，了解二者在使用上的区别。

单元 4　不同题材摄影

4.1　人像摄影

人像摄影永远是最热门的一个摄影门类。在 4.1.1 小节里，我们将人像摄影的一些基本概念与技巧做一个系统的梳理，这将会为后面的学习打下必要的基础。

4.1.1　人像摄影基础

在摄影诞生之前，人们已经习惯于借助油画来保存自己的形象。在摄影术发明初期，肖像名片风靡欧洲。人们将自己身着正装的全身或半身照片制作成名片大小，用来在社交场合相互交换。时至今日，这样的人像摄影风格依然为人们所喜爱，它的特点是被拍摄者占据画面大部，同时背景和道具尽量简单，衣着较为正式典雅，以表现人物静态的形象为主（图4.1.1、图 4.1.2）。这样的人像称为经典人像。经典人像多数在影棚内拍摄，以便很好地控制光线与背景。

图 4.1.1　乔治·桑肖像　纳达尔 / 摄

图 4.1.2　乔布斯肖像　阿尔伯特·沃森 / 摄

拓展阅读

　　阿尔伯特·沃森（Albert Watson）是当代最杰出的时尚人像摄影大师之一。尽管右眼先天性失明，依然没有妨碍他取得辉煌的成就。他的摄影作品不断出现在《VOGUE》《Harper's Bazaar》《ELLE》《Marie Claire》等众多顶级时尚杂志的封面上。他还兼任英国皇室的官方摄影师。他的另一爱好是设计电影海报，我们熟悉的《杀死比尔》《艺妓回忆录》等富有独特美感的电影海报都由他拍摄。当今西方时尚界与阿尔伯特·沃森齐名的摄影师还有安妮·莱伯维茨（Annie Leibovitz）——日薪10万美元的摄影女王。除了为好莱坞明星拍摄时尚人像以外，安妮·莱伯维茨用镜头记录了列侬夫妇的最后一张合影，记录了从尼克松、克林顿到奥巴马的第一家庭合影。英国女王的官方肖像也多出自她之手。

　　随着社会发展，人们的精神追求日益多元化。艺术写真作为经典人像的一个衍生门类日益发展。相对于经典人像，艺术写真的着装、表情、背景与道具更加自由。在艺术写真的基础上，又派生出了特殊人像。这类人像摄影作品的画面中着重刻画的不是人物表情，而是通过对人物肢体或者局部的刻画来表达情感，例如普利策获奖摄影师布莱恩·史密斯（Brian Smith）为《时代》杂志拍摄的西班牙演员安东尼奥·班德拉斯肖像（图4.1.3）。

　　人像摄影中还有一个重要的门类就是环境人像。这类题材不仅关注被拍摄者本身，还将被拍摄者所处的周围环境一同记录在画面上，强化画面蕴含的情绪，例如旅行照片或者特定情境中的人物肖像。理查德·艾维顿（Richard Avedon）拍摄的《窗边的赫本》（图4.1.4）是环境人像的经典范例，人物的表情与阴雨的天气互相烘托，传递出忧伤的情绪。

图4.1.3　安东尼奥·班德拉斯肖像　布莱恩·史密斯/摄

图4.1.4　《窗边的赫本》理查德·艾维顿/摄

在构图方面，经典人像多使用竖构图，道理十分简单，这是由人体构造决定的：无论是全身照还是半身照，竖构图与人体线条和谐一致，并且能够最大限度地减少画面中背景的分量，让被拍摄者在画面中更加突出。而在艺术写真和环境人像中，这种法则就不适用了。艺术写真的人物不拘泥于端坐或直立的姿势，背景和道具多种多样；而环境人像为了强化人物在特定环境中的情景，要记录美丽的背景画面，往往采用横向的构图方式。

我们凭感觉判定一个画面美不美，其实是有规律可循的。从视觉上来说，协调是第一要务。让照片看上去很美，首先需要拍摄时保持相机与被拍摄者的双眼在同一个水平线上，这个法则适用于大多数情况（图4.1.5）。如果拍者与被拍摄者身高相近，保持同一高度很容易；如果被拍摄者是儿童，单膝跪地是最稳定的拍摄姿势。在一些情况下，被拍摄者处于非常低的位置，例如拍摄坐在草坪上玩耍的孩童，需要拍摄者趴在地面进行拍摄。许多相机附带可翻转的液晶屏，这为低角度拍摄提供了便利。当然，眼平原则不是万能的。在拍摄儿童时，俯视的角度会改变被拍摄者的比例，"头大身小"往往让儿童看起来更加可爱。即便是拍摄成年人，俯视的角度也会使被拍摄者看起来年龄更小、更柔弱，而通常情况下仰视的角度会让被拍摄者看起来更加高大伟岸。拍摄角度还可以根据环境的变化而作出调整。例如当拍摄环境不理想、周围的景致比较杂乱，可以考虑采取较低的拍摄角度仰视被拍摄者，避开周围环境，以天空作为背景。在这种情况下，有时候需要使用填充闪光，以免被拍摄者的五官由于背光的原因变得过暗。

图4.1.5 《心旷神怡》李霞/摄影

4.1.2 人像摄影构图

与所有的平面视觉艺术一样，摄影作品也是由不同的视觉元素组成的。对专业摄影师来说，好作品是设计出来的。而设计的基础是既定的且客观存在的风景或者人物。从这个角度来说，摄影比纯粹的平面设计要更难。

好的摄影作品应该有情节有故事，有吸引人的地方，让观者第一眼就被深深吸引住。这些吸引观者目光的点我们可以称作兴趣中心。一幅好作品可能有不止一个兴趣中心。观者的目光会久久流连在整幅画面上，就是在几个兴趣中心之间来回切换。这就要求我们在拍摄的时候有目的地合理安排画面构图。

在前文中我们讲到，经典人像摄影通常采用竖构图，而艺术写真、特殊人像以及环境人像则需要根据拍摄情况给被拍摄者的动作及环境多留一些空间。但要始终牢记的是，人像摄影的主体始终是人。为了凸显主题，人在画面中的比例就不能太小。被拍摄者的比例越小，被拍摄者就会越发不明显。所以在初学人像摄影的时候，多采用半身构图，甚至更大比例的构图，效果会更好。在拍摄环境人像时，要兼顾人像与周边环境。有些情况下被拍摄者没有面对镜头，拍摄者应该在人物面对的方向上留出更多的开放空间。例如图 4.1.6 这张拍摄于海边的人像，主人公在夕阳的余晖中面向大海，如果采用竖构图，人物背光，面部在阴影中，鬓边两朵花成为了作品的兴趣中心，并且富于明暗变化，使得这两朵花喧宾夺主地成为了画面的主角。而人物远眺的眼神被竖构图截断，画面情节不合理，同时也给观者很强的压抑感。

这张照片拍摄于海边，人物侧面面对镜头，我们完全可以运用环境人像的构图原理来拍摄。如图 4.1.7 所示，首先采取横向构图，在主人公目光朝向的一侧留有一定的空间，凸显了远眺的神态，整个画面也更加通透。兴趣中心不再是主人公鬓边的两朵花，而是转移到了她远眺的表情上。这就是构图方向的重要性。

图 4.1.7　横向构图　孟海韵 / 摄

图 4.1.6　竖向构图　孟海韵 / 摄

运用三分法和方向原
则解读右图。注意婚纱裙
摆的方向，在画面中的比
例，与背景中岩石的质感
对比等细节。

海边婚纱摄影　孟海韵/摄

人像摄影构图大致可分为两种类型：公式构图法与带景构图法。

公式构图法又可以分为特写构图、半身构图、七分身构图以及
全身构图4种类型。在学习人像摄影的初级阶段，可以套用这4种
基本构图法练习拍摄。尤其常见于摄影棚内的人像、写真等题材，
也是如今多数影楼、婚纱摄影机构最常用、最受市场欢迎的构图类
型。如图4.1.8所示，图中A框为特写构图；B框为半身构图；C
框为七分身构图；整幅画面为全身构图。

特写构图是指在拍摄时以人像面部表情为重点进行构图，通常
构图框的下沿与被拍摄者胸部位置持平（图4.1.9）。这样拍摄出
来照片是最基本的人像照片。

半身构图以构图框的下沿与人像腰部位置持平。以此构图法拍
摄出来的照片，为公式化的人像半身照片，也是很常见的照片类型
（图4.1.10）。

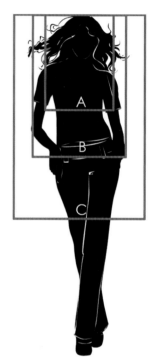

图4.1.8　人像摄影构图示意

七分身构图以构图框下沿与人像膝盖部位持平，上下浮动不超过10cm。以此构图法拍摄
出来的照片，可以说是最常见而且最受欢迎的照片类型（图4.1.11）。

全身构图以构图框的下沿与人像脚部以下持平（图4.1.12）。以此构图法拍摄出来的照片，
可以是略带一点背景的全身照，也可以是棚内的艺术肖像照。

带景构图法最大的特点是既以人像为主，又着重表现被拍摄者与周围环境的关系。这种
构图法没有特定的公式套路可循，全凭拍摄者的创意理念与艺术修养。多数观念摄影、艺术
摄影、先锋摄影都采用这种构图法。在商业及艺术摄影中，带景构图主要体现在人物与周围
景色的和谐一致（图4.1.13）。

图 4.1.9　特写构图法　李霞 / 摄

图 4.1.10　半身构图法　李霞 / 摄

图 4.1.11　七分身构图法　李霞 / 摄

图 4.1.12　全身构图法　李霞 / 摄

4.1.3　人像摄影用光

认识光的性质、功能以及投射效果，并运用于摄影中，这种技术称作摄影采光技法。在人像摄影中，不同的用光布光方式会使同一人像具有不同的神韵，给人不同的感觉，所以采光技术在人像摄影中具有重要的地位。人像摄影采光技法大致可分为棚内人像打光技法与户外人像采光技法两种。

4.1.3.1 棚内人像打光技法

1. 摄影棚设备

在摄影棚里，光源操控、背景设计以及道具运用都是可控的。因此摄影棚的运用与操作技术是专业摄影师必须掌握的技能。摄影棚硬件设备的规划，首先应以摄影器材能运动自如为原则；其次需具备三大器材：一为灯光器材，二为背景器材，三为道具器材。

棚内闪光单灯（图4.1.14）是采光时不可取代的必要器材。一切光与影皆需依靠它来生成。为避免灯光直接打在被拍摄者的皮肤上过于生硬，一般我们在单灯上加装柔光箱（图4.1.15）。柔光箱能通过扩大光源的有效范围来使光线变得柔和。照明的范围越大，柔光箱的效果越好。一些柔光箱有内置的漫射布，能使光线更均匀地分散在布帘上。除了柔光箱，在实际拍摄中还可能用到反光板、束光筒、反光伞等器材。

要想拍出内涵丰富的照片，背景的衬托是不可缺少的。室内摄影棚的背景可以预先设计好各种理想的造型与图样。道具具有衬托功能，虽然不是最主要的器材，却可以使人物显得更生动真实。适当地利用道具衬托，可以拍出更具意义的照片。道具不宜过于繁琐，要注意避免产生喧宾夺主的负面影响。摄影棚除了上述三大器材的规划设计之外，如果空间允许的话，还可以规划仪容整理区、快速更衣区等。

在棚内人像摄影中，为了使照片达到更完美的采光效果，多数情况下室内摄影棚应配备至少两盏灯来打光，这种打光技法称为"复灯打光法"。依据各灯的功能，可分为主光、辅光、

图4.1.13 带景构图法 王丹麦 / 摄

图4.1.14 棚内闪光单灯　　　图4.1.15 柔光箱

效果光。其中，效果光的应用灯具又分为背景灯、发灯、聚光灯等其他特效灯。

2. 几种常用的布光方式

（1）平光。平光是最传统的布光方式，一般需要 4 ~ 5 盏灯：主灯、辅灯、顶灯各 1 盏，视情况可选 1 ~ 2 盏背景灯（图 4.1.16）。然后以被摄人物的眼神为测试标准，将所有单灯的亮度调整至同一数值。这种布光方式使影像光线比较柔和，各处的曝光比较均匀，影像唯美。以图 4.1.17 为例，在拍摄前对拍摄效果作出以下规划：

1）构图。模特的妆容相对明艳，配饰和背景都使用饱和色系，采取半身构图。

2）设计画面景深，选取合适的光圈值。主要考虑 3 个层次：模特的手臂、花朵；模特的面部与身体；背景。想要将所有层次都拍清楚，可以将光圈值设定为 $F8$ 或者 $F11$，这样的设定让上述所有层次都在准焦范围里。

3）尝试将快门速度调整至 1/250s，然后设置摄影棚内闪光灯的输出数值来调整光线的变化。

在图 4.1.18 中，闪光灯的输出功率是 500W，数值是 2.3。使用大平光要注意，虽然整个画面曝光均匀，但容易造成模特面部扁平。特别是针对东方人，应在化妆时略微强调五官，或者将顶灯的位置略微调节至离模特较近的位置，提亮鼻梁与额头，使五官显得深邃。平光拍摄的数字照相机参数设置如图 4.1.19 所示。

（2）三角光。如图 4.1.20 所示，三角光

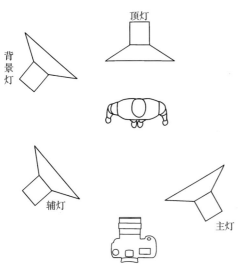

图 4.1.16　平光布光示意图

图 4.1.17　平光人像范例　孟海韵 / 摄

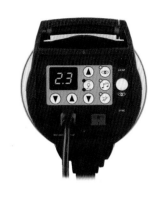

图 4.1.18　棚内闪光灯输出数值

曝光模式：手动
快门速度：1/250
光圈：F11
感光度200

图 4.1.19　平光拍摄的数字照相机参数设置

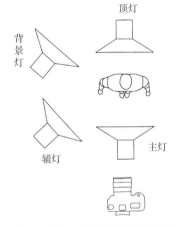

顶灯
背景灯
辅灯
主灯

图 4.1.20　三角光布光示意图

图 4.1.21　三角光人像范例　孟海韵／摄

的布光方式是主灯位于被摄人物正上方45°向下打光，其余辅助光源、光比控制要比主灯稍弱。这样在鼻翼两边面颊部位会出现一个三角形状，能使鼻梁挺拔（图 4.1.21）。

　　如图 4.1.22 所示，我们将辅助灯的亮度调节至比主灯略微低一点的数值，这样模特的五官会更加立体。顶灯和背景灯可以根据需要依次减弱。除非特殊效果，在一般情况下数值差距不应过大。

　　（3）阴阳光。将主灯设置于被拍摄者左边或者右边侧面斜上方45°，可根据情况增加一盏背景灯（图 4.1.23）。这样打光会使被拍摄者的面部以鼻梁为界，一面亮，一面暗。这种布光方式使被拍摄者五官立体，表情生

主灯

辅助灯

图 4.1.22　三角光布光方式的主灯与辅助灯设置

115

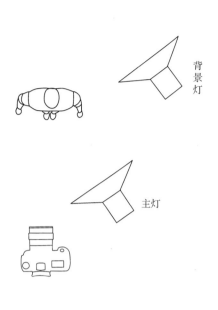

背景灯

主灯

图 4.1.23　阴阳光布光示意图

图 4.1.24　阴阳光人像范例　孟海韵 / 摄

小贴士

　　在入门阶段，我们很容易遇到多盏灯互相矛盾冲突的情况，所以建议刚接触影棚人像的学习者不要急于拍出完美的人像作品，可以先从一盏灯开始，尝试多种亮度与多种位置，拍到的照片无论是否理想，都是重要的研究素材。使用照相机查看拍摄的照片时，很多人习惯立刻删除不理想的照片，但对初学者来说，这些"失败"的照片却是最好的教材。数字照相机自动记录下来的图片信息本身就是非常好的学习工具，它能够直观地将光圈、快门、感光度等信息呈现。我们根据这些信息，对拍到的作品加以分析和总结，就能很快掌握棚内用光的要诀。然后逐渐根据需要，增加灯的数量，按照布光范例来布灯，并思考为什么要多加一盏灯，它能为画面增加什么样的效果。可以把从一盏灯开始拍摄的照片——有可能曝光不足，有可能对焦不准——对照图片信息全部列印出来详细分析，这是提高拍摄技术最快速、最有效的方法。当发现单灯拍摄的缺点，可以思考和尝试设计布光——在某个位置增加一盏灯？它的亮度和角度如何设置？然后逐步学习多灯打光法，这样才能学到布光的精髓。

动，更利于刻画人物心情（图4.1.24）。若主灯位于正上方再调整一下，会在面颊的另一边出现鼻梁的投影，这样的调整更适合拍摄男性，会使鼻梁看上去坚挺，眼神也有力度。

（4）修饰光。修饰光的光位一般在主灯的对角线位置（图4.1.25），主要是对整体画面进行一些光比、色彩上的调整。可以将修饰灯的强度调整得比主灯的数值高一些，这样能够拉大被拍摄者与背景的视觉空间感，凸显被拍摄者的轮廓，还可以丰富画面、突出层次感。修饰光还能够打亮头发，使皮肤线条产生阴影，使人物有立体感（图4.1.26）。不过，修饰光需要拍摄者有足够的经验，对棚内光线有很强的控制力。这需要我们多加练习。

需要说明的是，上述所列的光圈数值、快门速度、感光度以及闪光灯的设定数值都不是绝对数值。在棚内应该多多进行各种尝试，积累拍摄经验，才能游刃有余地设计拍摄效果。

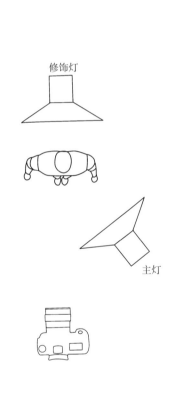

图 4.1.25　修饰光布光示意图　　　　　图 4.1.26　修饰光人像范例　孟海韵 / 摄

总而言之，所有的布光方法都是控制被拍摄者周围的光比。光比是指照片中亮部与暗部的光度比值。打光除了主光源投射的亮部外，在相反的另一阴暗部位，仍需有适当比例的补光，这样才能拍出一张明暗反差适宜的照片。一般亮部与暗部的比例大约为 3∶1，也就是在灯光输出设定时，亮部的数值是暗部的 3 倍。如果反差在 4∶1 以上，则说明光比反差较大。第 3 章 3.1 节图 3.1.8 是大光比的典型范例，而本节图 4.1.26 则是小光比的典型范例。

4.1.3.2　户外人像采光技法

户外光线可分为直射光与散射光两种。

在户外晴朗无遮蔽的天气下，太阳大多呈直射光。室内棚的裸灯（无任何遮蔽物或反射物光源时）属于直射光类型。直射光是较为阳刚、硬调的光质，运用于人像摄影时，如果不加以调整，所有的细节都损失在强烈的光照与浓重的阴影中。当然，硬光在一些特殊的人像摄影中也可以成为很好的光源，如果方法适宜，可以得到色彩强烈、对比鲜明的人像摄影作品。这需要摄影师有足够的拍摄经验和对光线的控制力。如图 4.1.27 所示，强烈的光线从模特的右后方照射过来，摄影师巧妙地让模特背光而立，并在人物左侧使用反光板提亮面部，如此处理，人物面向太阳一侧被夕阳镀上了一条金色的线条，人物的面部又没有光斑和阴影。硬调的光线使被拍摄的女性呈现出一种率性独立的气质，整个画面并没有因为直射光源而失去和谐的美感。

图 4.1.27　巧妙利用直射光的拍摄效果
孟海韵 / 摄

 小贴士

在强烈的直射光下，被拍摄者脸上会形成生硬的阴影。使用以下方法可以改善在户外直射光下的拍摄效果。

☆让阳光处于摄影师的正后方，被拍摄者面对太阳拍摄。这样能有效避免被拍摄者脸上的阴影，拍摄效果类似于影棚内大平光的打光方式。不过要注意：如果光线过于强烈，被拍摄者有可能眯起眼睛，所以建议在日出或者黄昏时分阳光角度较低的时候使用这种方法。

☆让被拍摄者面向背阴处，使用反光板或者闪光灯补光。

阳光经过云层或其他遮蔽物漫射后的光，称为散射光。室内棚的反光伞、无影罩或经反射物折射的光，都属于散射光。这是柔和软调的光质，是人像摄影较为理想的光源，可以使人像摄影的皮肤质感产生柔和美丽的效果。如图4.1.28所示，浓密的树冠遮蔽了强烈的阳光，树阴下的散射光线非常柔和，很适合拍摄幽静淡雅的人像作品。

图 4.1.28　巧妙利用散射光拍摄人像效果
孟海韵 / 摄

 小贴士

在林荫道等环境中，人物的面部往往会略暗，户外拍摄尽量随身携带一个反光板来补光。

补光后的拍摄效果　孟海韵 / 摄

无论是室内人像布光，还是户外人像采光，都是摄影师经常使用的光影控制技术。摄影师还可根据自己的喜好，创造出各种富有变化或气氛的布光法。但要注意，在影像与光影的整体表现上，一定要凸显主题。

实践练习

1. 复习本章内容，区分经典人像、艺术写真、特殊人像、环境人像等概念。

2. 在室内环境不使用闪光灯的情况下，将相机调至自动模式拍摄一张人像，然后尝试用一盏灯拍摄一张人像，将两张照片的图片信息做一个对比，分析异同。

3. 按照几种布光法的步骤练习拍摄人像。

4. 了解当代人像摄影大师，上网搜索并观看纪录片《安妮·莱伯维茨的浮华世界》（Annie Leibovitz: Life Through a Lens），阅读传记类图书《安妮在工作》。

4.2 风光摄影

拍摄风光摄影作品，要反映出自然之美，要有艺术创新，要给人以情思意境之美。在风光秀美的名山大川，许多人会情不自禁地举起相机，但同样的风景，专业摄影师拍出的作品与游客拍摄的旅游照片却有很大差别。这一节我们来分析如何拍出专业的风光片。

4.2.1 风光摄影基础

想拍出好的照片，第一要务就是对焦要准确。如今市场上的多数数码相机在半按下快门时，对焦位置会被锁定。我们可以在固定焦点的状态下来构图。

4.2.1.1 对焦位置与画面

同一个画面构图，改变对焦位置，拍出来的作品会有鲜明的差异（图4.2.1）。对焦点在距离自己很近的位置，背景就会模糊，而对焦点的周围就会很清晰；对焦点在最远处时，模糊的前景可以衬托出距离感，在强调空间距离的时候可以采用这种方法。拍摄时要根据画面和构图来选取对焦点。

善于运用对焦来设计构图，将使你拍摄的照片更加生动。

对焦点在近处　　　　　　　　　　　　　　　　对焦点在远处

图4.2.1 对焦位置与画面 李霞/摄

4.2.1.2 风光摄影曝光模式的选择

拍摄风光时，在决定好测光模式之后，就可以选择正确的曝光模式了。数码相机常用的曝光模式有快门优先模式和光圈优先模式。

拍摄动态风光时，运用快门优先模式。例如，我们站在一条小溪前随便举起相机按下快门，拍摄到的多是乏味普通的画面。如果你想拍点不一样的效果，比如像丝绸一样的水流，这时候就可以使用快门优先模式。设定好你想要的快门速度，相机会自动配置相应的光圈去表现。

　　想要获得如图 4.2.2 所示"丝绸一样的水流"效果，并拍出水的动态，需要延长曝光时间。如果我们用镜头来"追赶"这条小溪里的一滴水，如果"咔～嚓～"一下花了 1/60s 的时间，那么我们就记录下了 1/60s 的时间里这滴水跑了有多远。如果拍摄速度与这滴水的运动速度相同，那照片中的这滴水就是静止的。"咔～嚓～"一下的时间越短促，这个水滴就拍得越清楚。如果将快门速度设定为 1/2s，就会拍出丝绸一般的水流。

图 4.2.2　快门优先拍摄的水流　李军 / 摄

 小贴士

拍摄水流的 3 个技巧：

☆快门速度不可死板地采用 1/2s，要根据实际拍摄情况进行设定。

☆曝光时间太快拍不出水的流动感，曝光时间太慢有可能导致所有的水滴融合在一起形成白花花的一片，没有细节。

☆当快门速度低于 1/30s，一丝一毫的抖动都会影响成像，所以拍摄动态的风光尽量携带三脚架。

拍摄静态风光时，一般选择光圈优先的模式。

光圈越大，捕捉到的光量越大，背景虚化越明显（图 4.2.3）。如果要获取画面中的景物远近都清晰的效果，就要选择小光圈（图 4.2.4）。

图 4.2.3　大光圈拍摄的静态风景　李军 / 摄

图 4.2.4　小光圈拍摄的风景图片　李霞 / 摄

4.2.2　风光摄影的取景与构图

拍摄风光作品，考虑景深、光线、色温等要素外，在取景和构图方面应注意以下几点。

4.2.2.1　被摄主体的位置、大小和角度

当我们面对着美丽的风光举起相机的时候，一心想要记录眼前的一切，但最后得到却是平凡普通的照片。这多数情况下是由于画面中没有重点造成的。即便是拍摄风光片的大场面，也要在画面中有主有次，有节奏。如图4.2.5《诗幻梦境》所示，画面选择绿色的植物作为前景，由近及远的山峦作为中景和远景，飘逸的薄雾穿梭在山峦之中形成斜线构图，增加了画面的层次感，给人以和谐愉悦的视觉享受。图4.2.6《海之韵》在画面中展现了美好的生活场景：清晨的朝霞映红

图 4.2.5　《诗幻梦境》　李霞 / 摄

图 4.2.6　《海之韵》　李霞 / 摄

海边，一对情侣面对冉冉升起的太阳迎来新的一天。作者采用 C 形构图反映海岸线，并将这对情侣放置在画面的黄金分割线上，为画面增加了趣味点。诸多元素的有机组合，使画面形成了特有的韵律。

4.2.2.2 拍摄角度与光源的方向性

在拍摄风光时，根据日出日落的轨迹判断光源的方向性，预估合适的角度也非常重要。如图 4.2.7 所示，日落时分，夕阳的余晖给秋天黄叶的树林镀上了一层金色，而树林外的区域全部处于阴影中，整个画面冷暖色调丰富，极富视觉冲击力。

图 4.2.7 《新疆风光》 李军 / 摄

4.2.2.3 对称式结构

在一些特殊的场景下，对称式构图能呈现出安静、平衡、稳定的感觉。比如地平线上的夕阳，美丽的景色与水中的倒影等（图 4.2.8）。

4.2.3 日出和日落风光的拍摄技巧

很多人说，日出与日落时分是一天当中最适合拍摄的时刻。在日出和日落的时候，太阳越靠近地平线，与地面之间的夹角就越小，光线必须穿过大气层才能到达地面，此时，波长较长的红色与黄色更容易进入大气层，形成色调温暖柔和的光线，也容易在高空形成变化多端的色彩。这就是摄影师们常说的"出大片"的时机。但要捕捉这种"大片"，就需要掌握一定的技能。

图 4.2.8　《相映》　李霞 / 摄

4.2.3.1　拍摄前的准备

如果想拍摄日出和日落时的景色，在拍摄前要密切留意天气变化，同时还要考虑拍摄地点的特性，做好拍摄前的准备工作。例如光线较弱或遇大风天气，当你到达计划好的拍摄地点准备拍摄日出时，如果忘带三脚架，那么肯定会影响到拍摄的稳定性。有些初学者习惯将相机设置在防震模式，但在光线不佳，或者需要长时间曝光的情况下，必须使用三脚架来延长曝光时间。如果没有提前检查相机，关闭防震功能，则会造成反效果。

在夏季雨后天晴的清晨，空气湿度有可能达到 75% 以上，这时候到山顶去，可以看到丰沛的水汽形成的壮阔的云海或者轻雾

拓展阅读　◉

具有光学防手震功能的相机都是"以震制震"，借由侦测入射光线与相机本身的震动，做出抵消性质的位移，来维持清晰度。当我们用三脚架拍摄的时候，一定要关闭防手震功能。

（图 4.2.9）。当然，这要在没有风的情况下。总之，拍摄风光题材一定要注意天气，提前做好万全的准备是拍出好作品的必备要件。

图 4.2.9 《晨雾》 李军 / 摄

4.2.3.2 控制反差

拍摄日出和日落风光，常会遇到逆光的情况。在逆光条件下，光线反差大，非常容易失去亮部与暗部的细节。在这种情况下，可以选用滤色镜来控制反差。如今多数数字照相机都内设了包围曝光功能，也可以利用包围曝光来控制。

4.2.3.3 曝光值

从日出前半小时开始，随着太阳与地面的角度改变，天空与云层的颜色将不断变化。天色越来越亮，拍摄时的曝光值应越来越小。拍摄这一时段的风光，需要随时调整光圈和快门。日落时分的最佳拍摄时机是日落前半小时至日落的时段，曝光值在这个时段应越来越高。

4.2.3.4 不要紧盯着太阳和云彩

在天空颜色变幻多端的时候，身边的美景也会闪耀出与平时完全不同的光彩。观察四周，捕捉不一样的日出和日落。万物都会由日出日落的光线变化呈现不同的美。有灵魂的照片是在帮助拍摄者阐释自己对美的理解。这同时需要大量的实践经验做基础。多加练习，每个人都会拍到理想的日出与日落的美景（图 4.2.10）。

图 4.2.10   《观日》   李霞 / 摄

4.2.4   特殊天气的拍摄技巧

当我们游历名山大川，常常会发现，高山气候瞬息万变，云雾和雨雪往往在不经意之间凝聚至山中，山川景物若隐若现，恍若仙境，为摄影增添更多乐趣。云雾雨雪中的景物若隐若现，前景清晰，中景朦胧，远景模糊，可以营造出丰富的层次感和空间感。同时，云雾雨雪的遮蔽又将景物重新组合构图，形成新的景象。而云雾雨雪的瞬息万变又为风光摄影带来变幻多端的多种可能，每分钟的景色都不一样，很容易在同一地点拍出风格迥异的好作品。

拍摄特殊天气时的风光，首先要了解天气状况，例如湿度、温度、风速等影响因素；其次，设定恰当的 ISO 数值也非常重要：若在夜间拍摄，ISO 越低，则画质越好，相对的曝光时间也会拉长，所以这时必须使用三脚架；若在白天拍摄，可以运用光圈先决模式；若光线太暗，可以适当地提高 ISO 数值，同时使用中小光圈，一般为 F8 ~ F11，来取得较大景深。拍摄云海等主题时，可以针对中灰色调进行点测光或者使用包围曝光来获得正确的曝光值。在多云或雾天，户外光线多是漫反射，在树林或水边容易拍摄出带有神秘感的、具有故事气氛的画面。这时候，如果有阳光瞬间穿透云层或者树叶，则会出现梦幻般的画面。

在表现云雾的照片里，如果拍摄主体是云雾，容易给人单调乏味的感觉。如果以中景或者近景来表现云雾，则画面更丰富，云雾的质感也会更加明确（图 4.2.11）。

图 4.2.11 《坝上晨雾》 李军 / 摄

拍摄雨景，可以尝试选用快门优先模式，将快门速度调高，刻画水面的波纹（图 4.2.12）或者物体表面雨滴的细节，往往会营造出一种幽深安静的氛围。

雪景画面以白色和浅灰色调为主，拍摄时要注意两个问题：一是要有意识地寻找色调的平衡，尽量避免让整个画面陷入一片单调的灰白之中（图 4.2.13）；二是要注意曝光的准确性。

风光摄影是拍摄者运用镜头语言抒发对美的感受的创作活动，它带给人美的享受和心灵的愉悦体验。作为拍摄者，在积累拍摄经验的同时，还要提高人文美学素养，才能更加全面地感受自然之美、意境之美，从而创作出感人的作品。

图 4.2.12 《婺源小景》 李军 / 摄

图 4.2.13　无题　李军 / 摄

实践练习

1. 使用数码相机，在同一个地点选取同一个构图，尝试对近景、中景、远景对焦。

2. 什么是大光比？在大光比环境中对不同位置测光拍摄一组照片，分析每一张的特点。

3. 分别拍摄日出与日落时分的风景。

4. 运用本节学到的内容，尝试拍摄云雾雨雪天气。

4.3　体育摄影

体育摄影是以反映体育运动为内容的摄影。体育运动项目繁杂，有田径、球类、体操、举重、射击、水上运动、冰雪运动等，每类又分若干种，仅球类就分为篮球、排球、足球、乒乓球等。每项运动各具特色，拍摄方法各不相同。体育摄影有以下几个方面基本要求。

4.3.1　体育摄影拍摄者应具备的素质

拍摄体育影像，拍摄者应掌握体育摄影的基本常识和技术要求。大多数体育项目是在快速运动中进行的。运动中精彩的场面、美妙的瞬间稍纵即逝，这就要求拍摄者应具有极

图 4.3.1 奥运会排球比赛扣球瞬间 李霞 / 摄

敏感的反应能力，既要有预见性，又要有果断的判断力，看到运动员的初起动作就应预测到高潮动作定格的位置，快速，甚至用 1/1000s 的速度捕捉瞬间（图 4.3.1）；赛前还应了解所拍项目的运动规律、比赛要领和比赛规则，并尽可能多看运动员的训练，熟悉运动员的技术特点，临场拍摄时就可避免盲目拍摄，做到有的放矢。

4.3.2 体育摄影表现手法

4.3.2.1 拍摄站位和角度的选择

在体育摄影中拍摄者的站位和拍摄角度的选择尤为重要，直接影响到作品的表现力。拍摄运动会开幕式、闭幕式或比赛时的大场景，适合站在高角度俯视拍摄，以展示赛场恢弘的场景，热烈的气氛（图 4.3.2 ~ 图 4.3.5）。

图 4.3.2 水球比赛 李霞 / 摄

图 4.3.3 采用俯视角度拍摄的奥运会篮球比赛场地 李霞 / 摄

图 4.3.4 赛场观众席沸腾的壮观场景 李霞 / 摄

图 4.3.5 采用 45° 侧面角度拍摄跨栏运动员 激烈竞争场面 李霞 / 摄

　　拍摄集体攻防的大场面比赛，例如篮球或足球比赛，运动场地上的运动员，来回跑动，变幻莫测，拍摄者不可能全场跑动，其站位要根据两队的情况和运动员的特点来决定。拍摄积极进攻的一方，可选择在对方球门两侧等候伺机抓拍。拍摄乒乓球、网球等比赛场景时，可选择在运动员持拍的侧面进行拍摄，可充分展现运动员拉攻击球的雄姿。拍摄跳远运动员在奋力一跳时双腿弯曲的姿势，如果从正面拍摄，运动员的形象很不雅观，但从侧面拍摄，其形象则舒展优美。表现田径跨栏比赛场景，最佳站位是在第二栏的侧前方，比赛时运动员刚跨过第一栏，相互之间差距不大，运动员的技术动作此时比较规范，跨过的第一栏在运动员身后还可衬托比赛的环境、丰富画面的内容。

　　拍摄体育场景，角度的选择对运动项目的表现至关重要。不同的拍摄角度，表现出的画面效果截然不同。角度的选择应根据运动项目的特点、运动员的技术特点和所要表现的内容来确定。拍摄马拉松众人长跑比赛，可采用俯视角度，有纵深层次感，能较好地反映其壮观场面（图4.3.6）。如采用平视的角度，只能拍到前面几排，画面单调，反映不出壮观的场面。拍摄比赛行进中的运动员则宜采用侧面角度，可生动表现运动员争先恐后的竞争场景。表现运动员优胜者挺胸撞线的面部表情时，可采用正面角度。拍摄跳高、跳远运动员腾空的姿态，可采用仰式的角度，反映其腾跳的高度和气势，也可采用其他角度反映其生动的瞬间（图4.3.7）。

图 4.3.7　拍摄角度的选择　李霞 / 摄

图 4.3.6　采用俯视角度拍摄田径长跑比赛，可以使每个运动员得到充分的展示　李霞 / 摄

4.3.2.2 体育摄影快门速度运用技巧

体育项目多数是快速运动。拍摄时照相机的快门速度配合要得当。快门速度设置太慢，动感影像会虚化；快门速度设置过高，要保证正确曝光，势必要提高感光度，感光度越高，产生的噪点就越多，画面的表现力就会受影响。拍摄举重比赛，运动员动感不是太快，快门速度设置在1/125s即可，如图4.3.8所示，如拍摄动感较强的比赛。例短跑、自行车、球类比赛则需要提高快门速度。

图4.3.8　根据运动体不同的速度设置不同的快门值
（快门速度：1/125s）　李霞/摄

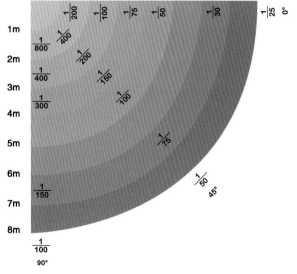

图4.3.9　快门速度与拍摄角度、拍摄距离之间的
关系示意图

体育摄影设置快门速度，在考虑到照相机镜头焦距的同时还应考虑照相机与拍摄对象的距离和拍摄的角度以及运动体的速度。

使用不同焦距的镜头设置相应的快门速度。

用手持拍照时，能保证画面清晰的最低快门速度应不低于等效焦距的倒数，如使用焦距为200mm的镜头，拍摄时的快门速度应不低于1/200s；使用焦距为300mm的镜头，拍摄时的快门速度应不低于1/300s。使用的镜头焦距越长，快门速度相应要调整越快。

在运动速度不变的情况下，感光度ISO设置为400时，相机离拍摄对象越近，快门速度就要设置越快，拍摄角度越大，快门速度设置需要越快。快门速度与拍摄角度、拍摄距离之间的关系如图4.3.9所示。拍摄不同体育运动项目时的拍摄距离，拍摄方向与拍摄速度的关系见表4.3.1。

表 4.3.1　拍摄不同体育运动项目时的拍摄距离、拍摄方向与拍摄速度的关系

运动项目	距离 /m	拍摄速度 /s		
		方向 ↑↓	方向 ↙↗	方向 ←→
广播体操、越野跑、中长跑、篮球、排球、足球、乒乓球、羽毛球、网球、水球、游泳、跳远、跳高、跨栏	8 ~ 15	—	1/125	1/250
跳水、体操、武术、花样滑冰、短跑、铁饼、标枪、链球、铅球、击剑	8 ~ 15	—	1/250	1/500
冰球、速度滑冰、赛艇、公路自行车、摩托车、滑雪、飞机跳伞、水上摩托艇	8 ~ 30	1/250	1/500	1/1000

4.3.3　体育摄影创作技法

体育摄影可采用多种表现手法增强画面的视觉效果，更充分地展示体育运动所产生的魅力。摄影既能把运动的瞬间"凝固"拍"静"，也可以在静止的画面上显现动感。

增强画面的动感，可巧用快门，采用虚实结合表现方法，有意识地制造局部模糊的影像，以使动体在静止的画面上显现动感（图 4.3.10）。拍摄运动场上的运动员，将快门速度做适当调整，使运动员整体轮廓清晰，肢体则适当虚化，画面将显得尤为生动。

还可用"追随法"进行拍摄，即拍摄者以与被摄者相同的运动速度进行跟踪，用较慢的快门速度去拍摄，可形成人物清晰、背景虚化、

图 4.3.10　水球比赛场景　李霞 / 摄

在这幅表现水球比赛场景的作品中，高速运转的球被虚化，增强了画面的动感。

富有动感的效果。这种拍摄方法常用来表现田径比赛、跳远、跨栏、速度滑冰等项目。

采用"追随法"拍摄时，如条件允许，最好将相机固定在三脚架上。如果手持相机拍摄，两腿要站稳，两臂夹紧托稳相机，拍摄角度可选择 75° ~ 90° ，站位在距离拍摄对象大约 10m 左右的地方。这个角度和站位既能拍摄到运动员的面貌，又能强化运动感。用"追随法"拍摄，要注意把握快门速度，通常设置在 1/60s 效果较好。快门速度设置太快，追随效果将不明显，动感不强。快门速度太慢，动感增强，但技术上不易把握，主体容易模糊不清。如果技术熟练，也可尝试用 1/30s。"追随法"拍摄多采用逆光和侧逆光，因为这两种光线塑形效果好，表现人的轮廓线条有力，画面层次丰富。背景宜选择深暗色并带有光斑，强化动感线条用以烘托主体。拍摄前期，拍摄者可通过取景器以与运动员相同的速度追随运动员移动（也

图 4.3.11　等速拍摄法拍摄自行车比赛场景　李军 / 摄

称作"助跑"），等运动员从相机前飞驰而过时，再适时按动快门。注意，在按下快门时，照相机仍需继续追随运动员移动。这样才能拍出主体清晰、背景虚化的追随效果。

等速拍摄法也是表现动感的一种方法，常用于体育比赛中。等速拍摄就是用同等的速度跟随运动员进行拍摄。适合等速拍摄法表现的体育项目有马拉松比赛、自行车比赛（图 4.3.11 ）、摩托车比赛等。拍摄者乘坐车辆跟拍，拍摄时身体要保持平稳，眼睛通过取景器盯住运动员，选择好时机按动快门。光线的运用、背景的选择与"追随法"拍摄相同，快门速度设定为 1/125s 或 1/60s 为宜。

变焦法也可以制造局部虚化产生动感的效果。用变焦法拍出的画面呈"爆炸"状，清晰主体的周围产生无数光斑形成的放射性线条，有较强的视觉冲击力，常用于拍摄体操、跳远项目以及田径跑步项目的终点冲刺等。变焦法的具体拍摄做法是：选择明暗光比反差较大或色彩对比强烈的背景，使用长焦距变焦镜头将被摄体置于画面中央，注意被摄体占据画面的面积不宜太大。拍摄时，照相机与被摄体应在同一直线上，在按动快门的瞬间迅速转动变焦环，在变焦中按动快门，曝光时间不宜太快，快门速度设置为 1/30s 为宜。变焦的方向应根据动体运动的方向而定。如果动体迎面而来，镜头焦距必须从长焦推向短焦；如果动体反向运动，背离而去，则应从短焦推向长焦。

 实践练习

1. 拍摄一个体育比赛的场面，用适当的快门速度拍摄运动员清晰的形象。

2. 拍摄一幅具有动感的体育照片。

4.4　舞台摄影

舞台摄影的题材广泛，包括舞蹈、戏剧、音乐演奏、杂技等。由于舞台艺术的种类、风格、表现形式和表演方法丰富多彩，舞台摄影的拍摄方法也有所不同，舞台摄影作品都是拍摄者的思想观点、艺术构思与摄影技巧等融合的结果。舞台摄影创造性地再现舞台艺术形象，追求完美的艺术效果，并力求达到思想内容与艺术形式相统一。

4.4.1 舞台摄影的特点

4.4.1.1 光线复杂

舞台摄影的光线通常都采用舞台现场的环境光，正式演出时也不允许使用闪光灯拍摄。对摄影来说，舞台灯光有以下显著特点：①演员与背景之间光比较大；②演员在舞台不同位置的受光也存在明显差异；③舞台效果常常使用有色灯光渲染；④具有多种光型，变化多端，如正面光、侧光、脚光、逆光、追光；⑤舞台灯光强度相对于室外自然光来说，要弱得多。

4.4.1.2 拍摄点和拍摄距离相对固定

舞台表演受演出场地的限制，演员活动范围又受舞台大小的约束。舞台和观众席位都是固定的。拍摄前可以先估测舞台的深度，计算距离的远近，便于控制景深。

4.4.1.3 拍摄范围固定

舞台画面不同于一般生活场面，大都具有主题突出、形象鲜明、构图严谨的特点，为了真实地再现舞台艺术效果，摄影者可以根据舞台造型适当取舍，确定自己的摄影画面。

4.4.1.4 再提炼的艺术

舞台演出的各种剧目本身就是通过完整的情节和连贯动作来表达主题思想和塑造人物形象的，摄影者必须从中选择并精心提炼，以拍摄出最能突出情节和形象的主题思想，以典型性的瞬间画面感染观众。

4.4.2 舞台摄影的器材、拍摄参数的选择

不同门类的摄影对于器材的要求也大不相同，应有针对性地选择器材。摄影器材的现代化给舞台艺术摄影带来了极大方便。舞台摄影一般选用以下器材和参数。

（1）照相机。舞台摄影光线复杂，对快门速度要求高，推荐使用数码单反相机。

（2）镜头。适用于舞台场景的镜头有广角、中焦和长焦。拍摄舞台艺术摄影，24～70mm的广角到中焦的变焦镜头，或70～200mm的中焦到长焦变焦镜头，都是非常实用的。一般来说，使用广角镜头适用于拍摄大场面或观众场面；标准镜头适用于拍摄中景场面；长焦距镜头便于拍摄特写或抓取演员表演的情感瞬间。

（3）感光度。ISO 100～ISO 800均可。舞台摄影光源多、光线弱、光比强、变化大，推

荐使用 ISO 400 或 ISO 800。舞台摄影相机的感光度，以中速 ISO 400 感光度、速度 1/125s 为例，一般的舞台照明，大体上可按 3 种不同光亮度而变换光圈：最亮时用光圈 5.6，中亮时用光圈 4，亮度较弱时用光圈 2.8。若光线特别暗，就要酌情减慢快门速度进行拍照，缺点是不能抓拍快速动作，但是可以表现虚实结合的动态场景。

（4）白平衡。推荐值为 3200 ~ 3600K。

（5）稍大的存储卡。

（6）图像格式。RAW 或者最大精度的 JPG。

小贴士

> 推荐试拍曝光值：ISO 400，光圈 *F*4，速度 1/125s。
>
> 白平衡 WB：3200K，点测光。

4.4.3　舞台摄影曝光技术

4.4.3.1　测光与曝光

大场景用平均测光，表现主体用点测光。

推荐曝光值：ISO 400，光圈 *F*4，速度 1/125s。

拍摄效果如图 4.4.1 所示。白平衡 WB：3200K，点测光。

图 4.4.1　芭蕾舞《白毛女》剧照　李霞 / 摄

4.4.3.2　拍摄的机位和角度

传统：第一排 7 ~ 13 号或 8 ~ 14 号。

现代：3 ~ 10 排。

仰拍：1 ~ 5 排，突出人物，可以夸张跳跃的高度。

平拍：3 ~ 10 排，亲切感，符合人眼视觉，适合中景或特写。

俯拍：楼上 1 ~ 2 排，有层次，增强纵深感，适合大场面。

侧拍：远近比例明显，有强烈的透视感，表现层次丰富。

4.4.4　舞台摄影艺术表现

4.4.4.1　舞台摄影的构图

摄影构图的目的是以一定的艺术形象来表达主题思想。摄影创作的成果，最终是通过画面来体现的，人们只有从画面上才能获得美的感受和启迪。摄影构图的意义就在于把我们所要表现的客观对象，根据主体思想的要求，以富有艺术表现力和感染力的画面形象完美地表现出来。同其他造型艺术一样，摄影由于可视性的要求，不仅要有内在含义，还要有美的形式，使神与形和谐统一（图 4.4.2）。

图 4.4.2　《雍容典雅》　李霞 / 摄

按照舞台艺术的规律分析总结，舞蹈在舞台上的变化是最多的，大致可以归纳为平行移动、斜线移动、圆形移动、弧线移动、竖线移动、折线移动等。这些移动又有单一移动和复式移动的区分。通过这种变化，构线（直线、斜线等）、几何形（方形、菱形、三角形、圆弧）等各种基本图案，亦即舞台艺术的画面构成。

4.4.4.2　舞台摄影的光线运用

演出时，舞台艺术通过舞台灯光来造型：主光，用来塑造形象，增强被照明对象的立体感；辅助光，用来增加层次，表达立感；轮廓光，勾画被摄对象轮廓，区分背景与主体形象，美化造型效果，突出某一细部，协调照明层次；背景光（舞台天幕光）一般用幻灯照明，交代环境特点，渲染气氛。如图 4.4.3 所示，舞台多方位的璀璨灯光营造出欢快热烈的气氛。

图 4.4.3 《难忘今宵》 李霞/摄

在拍摄舞台形象时，要注意细致地抓取人物的神态，尤其是眼睛、手势、身段等方面的变化。

图 4.4.4 《追梦》 李霞/摄

4.4.4.3 艺术视觉表现

舞台艺术多是通过故事情节和典型人物来表达主题，故事情节随着人物活动展开，而人物活动又取决于剧情的需要。舞台摄影就是要抓取能凸显主题的典型场面和典型人物。舞台演出中的典型形象是依靠演员的说、唱以及形体动作变化来传达感情予以塑造的。说、唱属于听觉艺术，不是摄影所能表达的，而形体动作的变化则是视觉艺术，正是摄影所要表现的。因此，舞台摄影主要着眼于"可视性"上。要拍出好的舞台作品，需要深入表现舞台艺术美的以下方面。

1. 表现舞台艺术的动感美

人物的形体动作是舞台艺术表演的一个重要手段，它按一定的规律和节奏来塑造形象、传递感情、表达主题（图 4.4.4）。在舞台摄影中，表现好动感是非常重要的，动感表现得越突出越好。国内外都有一些舞台摄影作品，为了强调动感，画面中人物的五官、形体模糊一片。这些照片虽然动感表现突出，但是观众很难理解照片的表现意图。而且，这种表现形式不符合我们民族的审美情趣，甚至还可能有损人物形象。作为一种摄影艺术流派，这种表现形式可以存在，但不宜提倡。表现舞台的动感美，至少要保持演员的面部清晰，因为在表演中，人物的面部表情，特别是眼神，是表现感情、性格的重要手段。

还有一种观点认为舞台摄影必须有动感，有了动感就是好作品。其实不然，舞台艺术摄影中的动感表现，要服从于内容和表演特点，该动就动，不该动就不动，表现动感要恰到好处。比如适时地抓取演员脚尖踮起，羽扇轻摇的一个舞姿，传达出少女的青春活力。

舞台摄影表现动感应注意伴奏乐曲的节奏变化。动感的强弱和节奏有关，表现动感要以节奏的强烈或舒缓为依据，结合舞台艺术的内容及特点来确定。动感要在演出过程中抓取，才能生动有气氛。在演出过程中，演员的情感表达随着动作逐渐发展达到高潮。这时，表演者的感情真实，形体动作也自然而优美。组织拍摄时就不一样了，演员只是为了拍照而摆出一副姿态，没有进入角色，感情出不来，在这种情况下是拍不出动感美的。在万不得已非要组织拍摄时，也应让演员表演有关片断，从中去抓拍。总之，动感的表现要恰如其分，太虚则模糊一片，太实则一览无余，缺乏韵味，要虚实结合，动静相衬。

2. 表现舞台艺术的造型美

舞台摄影是通过具体的、可感知的、有个性但又是典型性的形象来反映生活、反映社会现实的。舞台摄影既要表现形象的动律美（即动感），也要注意表现瞬间静止的造型美。视觉艺术形象的塑造包含两个方面，即处理画面构图和处理属于整体的个别对象。关于画面构图在前面已经讲到，这里着重谈后一个问题。

在舞蹈的编排和表现手法上，静态是主要的，动态只是用在一个个静态造型的连接上，使观众进入情动于内而形于外的境界。因此在拍摄时不是去抓取舞蹈动作，而是捕捉到连续的舞蹈动作中一个静止的瞬间，表现雕塑美，又通过人物身段的流畅线条和起伏的感情表达动律美，使之产生动中有静、静中有动的人物造型美（图4.4.5）。

一切艺术都凭借形象来反映现实。在形象的塑造过程中，摄影艺术的表现不能离开它的对象，特别是舞台摄影，其形象塑造更是如此。而且舞台摄影只能在舞台现场根据表演者的形象来抓取，不像其他造型艺术可以用充分的时间，经过综合、概括完成典型形象的塑造。舞台摄影只能在连续的舞台演出过程中提炼出典型性的艺术形象，从万千姿态中选择出最有代表性、最能表达主题思想的人物造型。这就要求拍摄者必须加强艺术素养，提高审美能力，熟悉剧情和不同形式的舞台艺术特点，临场作出机敏的判断，准确掌握拍摄时机。

图 4.4.5 《绽放》 李霞 / 摄

3. 表现舞台艺术的意境美

意境是指文学艺术作品中作者表现的境界和情调。换言之，就是文学艺术作品中描绘的生活图景和表现的思想感情融合一致，所形成的一种艺术境界。意境包括两个方面的因素，即作者的主观感受与生活图景，这两者相互交融、渗透而产生了意境。舞台艺术的编导在创作和导演节目时，都要考虑到作品的意境并使之具有生动的形象予以表达，使观众能够通过想象与联想，产生共鸣（图 4.4.6）。

编导在编排节目时，考虑剧情和人物动作、音响、服饰、布景、灯光等，无一不是根据生活原型（生活图景）并通过自己的主观感受来进行创造的。这些分散元素集中、谐调地出现在舞台上，就形成整个演出的意境美，也就是编导者所要表现的境界和情调。譬如，舞台艺术经常利用背景交代时间、环境，利用灯光、道具渲染气氛。拍摄者在拍摄舞台形象时，也要充分考虑到它们的作用，结合自己的创作构思拍摄出富有意境的瞬间。

4. 表现舞台艺术的神态美

表现舞台艺术在反映情节展开、人物性格塑造、感情表达的同时，拍摄时还要注意细致地抓取人物神态，尤其是眼睛、手势、身段等方面的变化，这些往往会深入展示人物的性格特点等（图 4.4.7）。

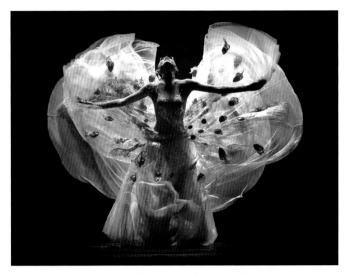

图 4.4.6 《展翅欲飞》 王春燕 / 摄   图 4.4.7 《骄影》 王春燕 / 摄

实践练习

尝试拍摄舞台摄影作品，从中体会舞台摄影的特点、曝光要求和艺术表现手法。

4.5 夜景摄影

4.5.1 夜景摄影的特点

夜景摄影具有以下特点：

（1）光源繁杂。夜景摄影与白天拍摄时的光环境不同，在夜晚常会同时有多种光源存在，例如灯光、火光、月光或落日余晖等。在夜景摄影中，光源具有双重作用：既提供照明，又是画面不可缺少的组成部分。

（2）主体突出。夜景摄影时天色黑暗，一些不必要或破坏画面的景物被黑暗隐没，而被摄主体或景物的主要部分，配以适当的灯光加以突出，拍摄的照片会给人以鲜明的印象。譬如拍摄建筑工地，一些杂乱的堆积物或破旧的工棚，白天拍摄时很难在画面上将其遮蔽，但在夜间，它们被隐没在黑暗中，被摄主体则利用灯光加以凸显，可以得到画面美观、主题鲜明的作品。

（3）渲染气氛。夜景摄影可以使用独特的拍摄方法和影调处理手段，夸张景物、渲染气氛。利用灯光影调，可以把被摄景物夸张地表现，使之比现实中的景物更为突出，从而具有强烈的感染力。另外，在夜景拍摄时还可以采取特殊的拍摄技术，充分利用周围环境的特点，加以合理的渲染，使拍摄现场的气氛更加浓烈。例如拍摄火车站来来往往的火车，白天拍摄，画面上的火车不多，气氛不浓。如果在夜间拍摄，可以采用多次曝光的方法，每驶来一辆列车按一次快门，这样画面上就留下条条明亮的火车头车灯线，从而获得火车有强烈动感的奔驰效果。

（4）拍摄对象要以静物为主（图 4.5.1）。拍摄夜景，被摄对象要以静止的景物为主，一般不宜拍摄动作迅速的物体。因为夜间光线很弱，各种景物的照度很低，拍摄时需要较长的感光时间。另外，夜景光线反差很强，亮的地方与暗的地方相差悬殊，如果采取快速曝光，不但会使底片曝光不足，而且使画面层次减少，照片缺乏魅力。

图 4.5.1　《贵州镇远之夜》　李霞 / 摄

4.5.2　夜景摄影的器材

夜景摄影通常要配备以下器材：

（1）照相机。感光元器件越大越好，具有 M 档手动曝光模式，最好能有多次曝光功能、B 门装置等，并能使用快门线。

（2）镜头。应根据拍摄所需配备适当的广角、标准、长焦和远摄镜头。一般用 3~5 倍的光学变焦。

（3）三脚架。根据自己的相机重量配备三脚架，以适合、稳定为首选。

（4）快门线。选择有锁定装置的快门线，长短不限。

（5）滤镜。备 UV 镜、CPL、ND 滤镜、星光镜等，做画面美化装饰用。

（6）闪光灯以闪光指数大的为好，主要用于离机照明被摄体。

（7）计时表。可使用秒表、手表或手机，用于控制曝光时间。

（8）手电筒。用于设定或调整照相机功能时的照明。

（9）其他。黑卡纸、遮光罩、镜头盖、剪刀等备用品。

4.5.3　夜景摄影的注意事项

拍摄夜景应注意以下事项：

（1）防止照相机移动。拍摄夜景照片时，照相机要拧紧在三脚架上，或放在平稳牢固的地方。调节光圈，按动快门，观察景物，不要触碰机身，特别是进行多次曝光时，更要严格要求，否则，底片会出现重影，导致拍摄失败。

（2）光圈的运用。拍摄夜景，要特别注意运用光圈，因为它影响景物的清晰度。有些夜景，由于光线十分暗淡，拍摄距离无法精确确定，因此，常常用缩小光圈、增加景深范围的办法来解决。拍摄夜景，常用的光圈为 F5.6 或 F8。有些景物的位置比较固定，光线变化也不大，那么光圈可以适当小一些，但曝光时间要相应延长，这样，景物的清晰范围可以更大一些。进行多次曝光时，可根据现场光线的强弱，用光圈来调节感光量。

（3）距离的测定。拍摄距离的测定要尽量准确，否则直接影响景物的清晰程度。一般地说，拍摄大场面夜景，距离可放在无限远处。拍中景、近景，就要进行对焦，把焦点对得越清楚越好。焦点应定在被摄主体或景物的主要部分的位置上，用手电打亮后再测定，也可利用被摄主体附近的光亮点来代测。距离一旦确定，在拍摄过程中就不能任意变动。

（4）曝光的掌握。夜景摄影的曝光比较复杂，无法依靠测光表，应该根据现场情况确定。

4.5.4　夜景拍摄方法

夜景拍摄常用一次曝光、多次曝光和变焦拍摄等方法。

一次曝光比较容易掌握。拍摄前，将照相机固定在三脚架上，然后确定拍摄对象和取景范围。取景完毕，再检查一下照相机的固定情况，并用快门线控制快门的开启，进行一次时间的曝光。无快门线，可用镜头盖来控制已开启的快门。一次曝光拍摄效果如图 4.5.2 所示。

两次以上的曝光称为多次曝光。它是在一次曝光不能完成拍摄的情况下使用的一种方法。利用多次曝光，可以分次摄取部分景物，使画面内容丰富、形式活泼，如图 4.5.3 所示。

城市的很多建筑都安装有彩灯，夜间点亮后使夜景更绚丽多彩，此时拍摄会有不同于白

天的效果。如果采用变焦拍摄法，就会使每只彩灯的光点拉长，呈现放射状，效果更好，更有动感（图4.5.4）。

图4.5.2　《扬州夜景》（一次曝光）　李军/摄

图4.5.3　《竹影》（多重曝光）　李军/摄

小贴士

运用多次曝光，要注意以下事项：

☆要把光线强弱不同的景物分开，使最暗的景物先曝光、多曝光，最亮的景物后曝光、少曝光。

☆有些景物无法进行先曝光、多曝光，可加用人造光适当加强暗处景物的亮度，以调整画面的反差。

☆对一些光线过强或过弱的景物，无法在现场调整时，可在后期进行减淡或加深处理。

图 4.5.4　阿拉善右旗　李军/摄

机身：Nikon D700；镜头：14~24mm、F2.8；焦距：14mm；光圈：F8；速度：1/2s；感光度：200。

夜景摄影的曝光值，很难给出一个确定的数值。曝光时间在 1s 以上，都要靠拍摄者凭经验估计。一般来说，进行一次曝光时，曝光量要掌握得更严格一些。多次曝光时，曝光时间的伸缩余地较大，如果发现某些景物的某些部分感光不够，可以再开一次快门进行补救。但不管是一次曝光还是多次曝光，开拍时的天空如果尚有落日余晖，那么曝光时间要短一些，宁可感光不足，不可感光过度，否则就会失去夜间的特色。

小贴士

变焦法拍摄夜景，选择有光点、有特色的地点，最好被摄主体稍大一些，使用三脚架把相机固定，然后取景构图。在按快门时，转动镜头的变焦环，完成拍摄。转动变焦环时，动作不要过大过快，变焦一定要在快门开启的瞬间完成，否则不会成功。

4.5.5　夜景曝光技法

要得到曝光正常的夜景照片，必须先学会测光，并正确设置光圈与快门参数，掌握不同光线下的曝光技巧。

4.5.5.1　夜景摄影的测光技巧

要想正确曝光，首先要学会测光。在夜景下，数字照相机的测光往往是不准确的，因为夜景超过了数码的测光范围，这就需要我们多进行试拍或者采用包围曝光的方式。

1.拍摄带有天空的夜景如何测光

测光时直接测量天空的亮度，然后按测光值减少1～2级曝光量，使天空部分的曝光稍有不足，但能衬托出地面景物的轮廓，而地面上的灯光则会显出夜景的灯光气氛。

2.夜景人像如何测光

拍摄夜景人像由于光线复杂，测光时需要对准人脸进行测光，可采用点测光模式，然后减少1～2档曝光，通过闪光灯来进行补光。

4.5.5.2　常见夜景拍摄题材的曝光技巧

常见夜景拍摄题材的曝光设定见表4.5.1。

表4.5.1　常见夜景拍摄题材的曝光设定

拍摄题材和光照条件	不同感光度下的曝光设定	
	ISO 200	ISO 400
烛光下的被摄体		F2，1/15s
灯火通明的街景	F2.8，1/30s	F2.8，1/60s
商店橱窗	F4，1/30s	F4，1/60s
建筑物、纪念碑、喷泉（泛光照明）	F2.8，1/4s	F2.8，1/8s
地平线（落日10min后）	F4，1/60s	F5.6，1/60s
地平线（太阳刚下山）	F5.6，1/60s	F8，1/60s
城市道路（车水马龙）	F8，4s	F8，2s
游乐场及游乐园		F2.8，1/30s
足球比赛（泛光照明）		F2.8，1/125s
月亮（满月、充满画面）	F8，1/250s	F8，1/500s
月光下的风景（月亮不在画面中）	F2.8，2min	F2.8，1min
舞台演出（泛光照明）		F2.8，1/60s
舞台演出（聚光灯照明）		F5.6，1/80s
博物馆及艺术画廊（灯光明亮）	F2.8，1/15s	F2.8，1/30s
焰火（开花后花型最好）	F4，1/30s	F5.6，1/30s
焰火（空中开花瞬间）	F4，1/5s	F5.6，1/5s
焰火（全程，带有环境）	F4，4s	F5.6，4s
星轨	F5.6，≥ 20min	F4，≥ 20min
闪电（B门）	F8	F11

注　以上数据仅供参考，拍摄时一定要查看自己的相机参数。

4.5.6　夜景表现手法

夜景风光的表现手法，可以用"知其时、观其势、表其质、现其伟"来概括。"知其时"指的是一年四季春夏秋冬，在同一个地点的风光景物也有不同的景色特点；一天当中，早中晚的光线也不一样，拍摄出的图片也不尽相同。"观其势"是指要宏观观察拍摄的景物整体环境和形势，合理选择拍摄位置和拍摄角度。"表其质"是指微观看待事物本质，熟悉掌握并使之重现图面之中，不但要表达出线条轮廓，还要表现粗糙与细腻。"现其伟"是指抓住景物自身的特点，气势，突出景物最美的地方。

夜景人像的表现手法，重点在根据需要合理选择景别，确定拍摄的画幅与拍摄方向，控制镜头的透视畸变，利用好不同的影调带来的不同的视觉感受，恰当合理地使用闪光灯，利用光线尽力掩盖人物外貌缺陷。

4.5.7　夜景拍摄技巧

拍摄出清晰的夜景照片，有以下技巧：

（1）使用三脚架及稳定三脚架。

（2）使用低 ISO，开启降噪功能。

（3）使用镜头的最佳光圈，而不是最大光圈。一般镜头的最佳光圈都在 $F8 \sim F11$ 之间。

（4）白平衡设置一般选择日光，或者白平衡包围模式，同时选择 RAW 文件格式。

（5）避免灰尘的干扰。拍摄地点与天气情况也会决定夜景照片是否清晰。在乡村及郊区拍摄的夜景会比城市里的夜景更加清晰，雨后拍摄夜景也会更加清晰。

（6）超焦距的使用。超焦距是指任一特定光圈下获得最大限度景深的精确焦点。全画幅传感器的超焦距见表 4.5.2，APS-C 传感器的超焦距见表 4.5.3。

表 4.5.2　全画幅传感器的超焦距　　　　　　　　　　　　　　单位：m

光　圈	焦距 16mm	焦距 20mm	焦距 24mm	焦距 28mm	焦距 35mm	焦距 50mm
$F8$	1.2	1.7	2.4	3.4	5.2	10.7
$F11$	0.8	1.2	1.8	2.4	3.7	7.6
$F16$	0.6	0.9	1.2	1.7	2.6	5.3

表 4.5.3　APS-C 传感器的超焦距　　　　　　　　　　　　　单位：m

光　圈	焦距 12mm	焦距 15mm	焦距 17mm	焦距 20mm	焦距 24mm	焦距 28mm	焦距 35mm	焦距 50mm
$F8$	1	1.5	2	2.7	3.8	5.2	8.2	16.8
$F11$	0.7	1.1	1.4	1.9	2.7	3.7	5.8	11.9
$F16$	0.5	0.8	1	1.3	2	2.6	4.4	8.2

小贴士

超焦距的使用要点：

☆超焦距多用于广角拍摄，因为只有广角才能达到大景深。

☆要使用脚架，因为超焦距都用小光圈，小光圈下快门都会很慢。

☆构图要特别注意近景，合理放置近景，达到近景远景的呼应，产生视觉冲击。

图 4.5.5 《明湖落日》 李军 / 摄

机身：Nikon D800；镜头：14 ~ 24mm、F2.8；焦距：24mm；光圈：F2.8；速度：1/4s；感光度：400。

4.5.8　夜景摄影实例

夜景摄影在两个时间段都可以：①日落之后，天空未全黑；②天空全黑。

4.5.8.1　落日余晖的拍摄

图 4.5.5 所示《明湖落日》的拍摄，在地点选择方面，夜景的光线变化很大，如果在黑暗的地方拍摄，需要长时间曝光，这样会带来明显的噪点。所以选择光线均衡时登高拍摄，使用广角镜头。

小贴士

当画面的上下部分因光线不一致时，可以使用黑色遮挡曝光法。

4.5.8.2　星空的拍摄

拍摄星星及星空，拍摄环境选择尤为重要。尤其是拍摄星轨（图 4.5.6），需要 30min 以上的长时间曝光，所以拍摄的地点不能出现太多复杂的光线，比如汽车的光线、城市的灯光等。所以要选择没有光污染的农村，或者车程在 30min 以上的郊区拍摄。拍摄地的高度，尽可能地选择稍高一点的地方，这里环境好，空气也通透。在拍摄时间上，最好是农历的初一，或者二十九、三十的凌晨为好，此时人们活动少，空气污染小，透明度较高。雨后更加适合。在数码相机的设置方面，应该使用手动对焦模式。如果使用广角镜头拍摄，直接调到无限远对焦。在曝光方面，感光度可以设置为 100 或者 200，光圈设置为 F8，时间 30min。

图 4.5.6　星轨　李军 / 摄

机身：Nikon D700；镜头：14 ~ 24mm、F2.8；焦距：14mm；光圈：F8；速度：2292s；感光度：200。

 小贴士

☆将光圈设置在 F11 以上时，拍摄夜空可以获得星光灿烂的效果。

☆光圈的大小决定星星轨迹的粗细，曝光时间决定星星轨迹弧度的长短。

 实践练习

1. 尝试用不同的方法拍摄夜景。

2. 运用夜景摄影的拍摄技巧拍摄一幅夜景图片。

4.6　静物摄影

时至今日，电子商务发展迅速。产品摄影作为静物摄影的一种，应用越来越广泛。这一节重点讨论静物摄影的基本方法。

静物摄影是以无生命、人为可自由移动或组合的物体为表现对象的摄影，多以工业或手工制成品、自然存在的无生命物体等为拍摄题材。静物摄影在真实反映被摄物体固有特征的基础上，经过创意构思，并结合构图、光线、影调、色彩等摄影手段进行艺术创作，将拍摄对象表现成具有艺术美感的摄影作品。

从摄影史角度来说，静物摄影相对于人像摄影和风光摄影，发展时间最长。因为最初的摄影术需要很长的曝光时间，可能长达几小时。无论是人像摄影还是风光摄影，被摄主体都无法保持如此长时间的静止状态。于是摆一些静置的物体来拍摄就成为了最普遍的方式（图4.6.1）。

对于初学摄影的人来说，拍摄静物是很好的入门选择。你可以完全根据拍摄需要来布置静物、调整光线，然后就可以设定不同的快门速度、曝光补偿等来拍摄不同的照片。这些照片中可能出现过度昏暗或者过于明亮的情况。在光照一定的条件下，你慢慢会总结出最好的光圈快门组合。这对初学者了解摄影的技术原理非常重要。在实践中得到的经验比我们从书本中摘抄出来死记硬背的数值要更加有用。我们可以运用第3单元关于光线的知识来分析静物，从一件物品、一盏灯开始拍起，慢慢总结规律，然后将其应用到之后所有的静物布光拍摄中去。

图4.6.1　静物　达盖尔/摄

4.6.1　静物摄影的分类

按照物体对光线的作用性质来分类，所有的物体都可以分为以下3大类：吸光物体、反光物体和透明物体。研究静物摄影，需要掌握这3类物体的基本拍摄技巧。

4.6.1.1　吸光物体的拍摄技巧

我们常见的一些物品，例如纺织品、塑料制品等，都属于吸光物体。这类物体受光时没有明显的反光，物体表面会出现从亮部到暗部的明显的层次。拍摄吸光物体时，可以采用比较灵活的布光方式。例如可以用侧面光来强调物体表面的肌理。如图4.6.2所示，失去水分的萝卜表面呈现出极为丰富的肌理。要刻画细部，应当采用较大的光圈。如果快门速度低于1/30s，容易出现由于持机不稳而引起的照片模糊情况，所以在这种情况下应当使用三脚架。

图4.6.2　《静物》（学生习作）

4.6.1.2　反光物体的拍摄技巧

反光物体通常对光线有强烈的反射作用，因此很难表现其明暗过渡。拍摄这类物品，可以使用"包围式布光法"。所谓包围式布光法，就是在被摄物体的周围一圈用白色纺织品和透明支架做一个亮棚，使光线均匀地投射到被摄主体上。电子商务经营者喜欢使用小型的亮棚（图4.6.3）来拍摄商品。拍摄时，可以搭配多种颜色的衬布，成本低廉，使用方便，并且便于携带，还可以把一面反光的有机玻璃板放置于被摄物体之下，做出反光的效果（图4.6.4）。

4.6.1.3　透明物体的拍摄技巧

透明物体主要是各种玻璃、塑料制品。拍摄透明物体时，可以在明亮的背景前以黑色线条勾勒物体，或者在深色的背景前，以浅色线条勾勒外廓。在拍摄图4.6.5所示的玻璃制品时，将玻璃置放于静物台上。静物台表面是半透明的乳白色有机玻璃板，不加衬纸，在静物台后方的地上放置一盏底灯，这样拍摄出来的玻璃制品更加通透，背景色也有很自然的过渡。

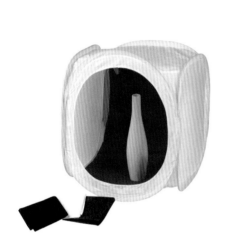

图4.6.3　亮棚

图4.6.4　《静物》
（学生习作）

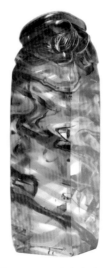

图4.6.5　玻璃印章
王丹麦/摄

4.6.2　静物摄影的布光

静物摄影的布光方式有许多种。布光的目的就是既要把被摄物体照亮，又要根据创作意图将被摄物体的质感、颜色、轮廓、肌理等特点有重点地表现出来。在拍摄之前，要根据被摄物体的特征与特点以及你想要表现的重点作出拍摄规划，并且应当熟练地掌握光的特性，运用自己对光的理解来分析光线，才能更好地进行拍摄（图4.6.6）。

图4.6.6　自然光与影室光拍摄效果对比

拍摄商业广告，常见的布光法有两种。

4.6.2.1 白底黑线布光法

白底黑线布光法主要是利用背景光线的折射效果，将透明物体放在浅色背景前方的玻璃上，背景处用一盏聚光灯打出的圆形光来照明，注意光束不能直接照射到物品上。背景反射的光线穿过透明物体，并在物体的边缘通过折射形成黑色的轮廓线条（图4.6.7）。光的强度越强，直径越小，画面的反差就越强。还可以用一张黑色的卡纸，在纸的中央仿照被摄物体剪出被摄物体的轮廓，然后将这张卡纸放在物体的偏后位置，这样也可以在物体的边缘映出一条黑色的轮廓线。

4.6.2.2 黑底白线布光法

黑底白线布光法主要是利用光线在透明物体表面的反射现象，将物体放在距离深色背景较远的位置上，物体的后方放置两个散射光源，由两侧的侧逆光照亮物体，使物体边缘产生连续的反光。也可以在物体的正左和正右两个方向布光，强调物体的外轮廓。这种布光方式有利于美化厚实的透明物体（图4.6.8），但技术上不容易掌握，需要不断地实践练习。需要注意的是，在使用这种方法拍摄时，被拍摄物体一定要事先经过彻底清洁，否则，在强烈的光照下，丝毫灰尘都将被显现放大。

图4.6.7 "绝对"伏特加广告摄影一

图4.6.8 "绝对"伏特加广告摄影二

4.6.3 静物摄影的表现

对于初学者来说，想要拍摄技法精进，最简单也是最有效的方法就是拿着照相机对着日常生活中经常见到的小物品反复练习。拍摄人像或风景有较多无法掌握的因素，但静物摄影的各项因素却比较容易掌控。例如在拍摄场景中，光线若是不足，只要把被摄物体搬到有光的地方就好，或者用闪光灯来进行补光。

利用微距镜头可以强调被拍摄物的质感肌理，把细部放大呈现，表现其美感（图 4.6.9）。

4.6.3.1　倾斜拍摄

拍摄美食时，视角的选择非常重要。采用斜角拍摄，既可以表现出食物的立体层次，又可以让画面更加和谐统一，如图 4.6.10 所示。

4.6.3.2　突出细节和质感

拍摄美食要呈现出令人垂涎欲滴的细节质感。靠近用特写的方式拍摄局部，画面效果会更加诱人（图 4.6.11）。需要注意的是，应避免在画面上出现浓重的阴影，或者白平衡不正确出现偏色，这样会影响美食的色泽，让人缺乏食欲。

拍摄静物题材，除了被摄主体以外，画面的构成、色调也直接影响到作品所营造的气氛。和谐的色彩设计也有助于表现静物的质感。

4.6.3.3　小光圈刻画细节

由于小光圈的景深大、清晰范围广，所以想要更好地表现静物的细节、质感、层次，尽量使用小光圈。不过，用小光圈时，如果光线条件不佳，快门速度会变慢以满足曝光量的最低需求。因此，需要把相机置于三脚架上稳定拍摄，或者增强照明光线才行。

小光圈法则只适用于拍摄多物体场景（图4.6.12）。如果拍摄较为细小的物品，例如银制首饰，更适合使用大光圈。在购物网站上，我们常会见到银质首饰的照片。用单色背景纸拍摄出来的首饰往往显得单调，烘托不出首饰的风格。

图 4.6.9　《百合》　王丹麦 / 摄

图 4.6.10　美食一　王丹麦 / 摄

图 4.6.11　美食二　李霞 / 摄

图 4.6.12 《静物》（学生习作）

图 4.6.13 《银饰》（学生习作）

很多拍摄者使用与银质首饰风格搭配的道具来营造气氛，但这种方法易产生喧宾夺主的效果。要让首饰从道具中脱颖而出，就需要使用大光圈。将道具虚化之后，整幅画面氛围又好，主体又突出。

4.6.3.4 表现轮廓和形状

拍摄表面坚硬、有光泽的物品，例如金属、陶瓷等，最好使用侧光。这样可以凸出亮度最亮的部分，以充分呈现物品的轮廓形状和光泽感，如图 4.6.13 所示。

实践练习

1. 拍摄吸光物体、反光物体与透明物体。

2. 尝试运用不同光圈拍摄同一件物品。

3. 在冷光和暖光下分别拍摄同一种食物，并分析两组作品。

4. 运用第 3 单元光的基础知识来分析静物摄影的特点。

4.7 纪实摄影

4.7.1 纪实摄影的概念

纪实摄影是用影像对人类社会进行真实的记录，它反映的内容涉及社会的各个层面，对社会的改革和人类的发展产生一定影响，具有社会意义和史料价值。

4.7.2 纪实摄影的社会功能

运用摄影的纪实功能记录社会的影像作品，始见于 1849—1850 年间，法国的马克西姆·杜坎在中东旅游探险，对考古遗址进行纪实拍摄，使之成为有珍贵价值的文献资料。这期间，在肖像摄影中出现了劳动者的影像，例如图 4.7.1《铁匠》。一位不知名的美国人用达盖尔摄影法拍摄了工作中的铁匠，不仅表现了人物特征，而且对周围的工作环境也做了细致的交代。用纪实摄影进行采访报道，始创于 1886 年，法国的纳达尔在法国化学家弗勒尔百岁生日之际，对他进行摄影专访。纪实摄影对社会改革产生重大的影响是在 19 世纪末。当时，欧美各国社会矛盾日益激化。

图 4.7.1 《铁匠》 佚名/摄 （19 世纪 50 年代）

1888 年，美国纽约《太阳晚报》记者雅各布·里斯为披露纽约底层社会的生存状况，深入贫民窟，并用摄影纪实表现手法对贫民阶层的生活条件和童工状况进行了报道，促成了纽约贫民窟改建和童工法的修改。里斯还出版了《另一半人是怎样生活的》和《向贫民窟作战》两本带有插图的著作。他用纪实摄影作为有力的武器，改变和改善了成千上万人的生活条件。后来，美国的一些建筑规划以及民生改善措施都以他的名字命名。1904 年，美国的路易斯·海因用纪实摄影表现了埃利斯岛难民的安置问题。1910 年，受国家童工委员会委托，他又用纪实摄影对美国各地童工恶劣的生存状况予以报道（图 4.7.2），敦促美国政府最终通过法案废

图 4.7.2 《10 岁纺纱工》 路易斯·海因 / 摄
（1908—1909 年）

图 4.7.3 《移民母亲》多萝西娅·兰格 / 摄
（1936 年）

止了童工制度。1935—1943 年间，美国农业安全局为了对全美农业遭灾情况进行调研，组织了世界摄影史上最大的一次摄影纪实活动，历时 8 年，拍了 25 万张底片，全面翔实地介绍了美国农业受灾状况和灾民的处境（图 4.7.3），协助了政府的农业改革和救灾工作。20 世纪 30 年代，资本主义国家发生经济危机，世界各地许多有强烈社会责任感和使命感的摄影家纷纷拿起相机，纪实摄影得以迅猛发展。与此同时，我国也相继创作出一批有影响的纪实摄影作品，例如 1936 年沙飞拍摄的《鲁迅与青年木刻家》（图 4.7.4），1939 年罗光达拍摄的《白求恩抢救伤员》等。90 年代，我国著名摄影家谢海龙用纪实摄影表现手法反映了中国贫困地区的基础教育状况，

图 4.7.4 《鲁迅与青年木刻家》 沙飞 / 摄

拍摄了希望工程纪实系列照片，推动了希望工程的发展，改变了数百万贫困家庭孩子的命运。其中有一张广为人知名为《我要读书》的照片，成为希望工程的标志。

对社会改革发展产生影响力的纪实摄影作品，凝聚着拍摄者对人与社会强烈的责任感和使命感（图 4.7.5）。纪实摄影作品所反映的内容，无论是美好还是丑陋，目的都在于引起人们的关注，唤起社会良知，使我们的世界变得更加美好。

图 4.7.5　《玲玲开拓的路》　李霞/摄

　　这是一组在全国最早介绍张海迪的摄影专题，从不同侧面介绍了张海迪身残志坚、与命运抗争、锲而不舍追求美好人生的事迹。这组作品发表后，在全国引起强烈的反响，张海迪成为青少年学习的楷模。

4.7.3　拍摄纪实摄影的基本要求

　　纪实摄影由于本身特性所决定，要求摄影者必须用敏锐的眼光关注社会，善于从现实生活里的平凡的人和事中发掘有意义的题材，并且对反映的内容要明确判断出价值所在，做到真实再现。

　　纪实摄影在确定报道题材后，拍摄前应做深入采访，拍摄时才会有的放矢，避免盲拍，充分反映主题。在拍摄现场，应注意观察事件发生的过程，及时调整拍摄角度，捕捉典型瞬间。在光线的运用方面，为减少对拍摄对象的干扰，不影响现场气氛，尽量利用现场光。

　　在拍摄技法及表现形式方面，纪实摄影与新闻摄影基本相同。由于强调纪实性，多采用抓拍的表现手法。抓拍的作品真实、自然、生动、亲切，特别是在表现人物方面，可以捕捉到最具内心表现力的面部神态和生动的肢体语言。纪实摄影的主题既可以用单幅画面，也可以用多幅画面的专题形式来展现（图 4.7.6）。

图 4.7.6 《访琴童》 李霞 / 摄

《访琴童》是作者在 20 世纪 80 年代运用摄影专题的表现手法，以不同的侧面，展现世界著名小提琴演奏家吕思青童年时期的生活与学习的情景。

实践练习

根据专题摄影的特点，自行命题，题材不限，选用 5 ~ 8 幅作品拍摄一组专题摄影。

4.8 新闻摄影

新闻摄影是新闻与摄影的结合体，它通过新闻形象及文字说明传递信息，既有新闻特性，又有摄影特征。新闻特性依靠新闻瞬间形象和文字说明表现，摄影特征需要运用造型规律和摄影技巧来表现。

图 4.8.1 《棚户区风光》 佚名 / 摄

摄影术公布于众的第三年，新闻照片就开始出现了。1842 年 5 月初，比欧乌用照相机拍摄了汉堡大火的景象。1853—1856 年，英国摄影家拍摄了反映克里米亚战争的新闻照片。1880 年 3 月 4 日，纽约《每日新闻》刊登了照片《棚户区风光》（图 4.8.1）。20 世纪 20 年代，小型相机问世。1928 年，德国人沙乐门用小型相机和现场光，采用不干涉被拍摄对象的方法进行抓拍，拍摄了法庭审判等许多新闻照片，创造了新闻摄影技法。30 年代，资本主义国家爆发经济危机，随后，第二次世界大战爆发，摄影者开始面向社会生活，创作了大量新闻摄影作品，新闻摄影在世界各地发展起来。1907 年，上海《神州日报》刊登了中国有名可考的第一个新闻摄影记者李少穆署名的新闻照片。1937 年 8 月，英美公司电影部王小亭拍摄的《上海南站日

图 4.8.2　《古长城上的战士》　沙飞 / 摄（1937 年）

军空袭下的儿童》刊登在美国《生活》杂志。王小亭是最早从事新闻纪录电影的中国人。1923 年，中国最早倡导新闻摄影的学者邵飘萍在《实际应用新闻学》一书中，第一次提到"新闻摄影"并将其列为新闻记者必备的技能之一。中国共产党领导的新闻摄影事业，诞生于抗日战争的烽火年代。1937 年，八路军的队伍里出现了新闻摄影记者，他就是沙飞。图 4.8.2 所示的《古长城上的战士》是沙飞在 1937 年拍摄的，最早发表在 1943 年 9 月出版的《晋察冀画报》第 4 期《晋察冀八路军的战斗胜利》一文中。这幅新闻摄影作品凝固了当年经典的瞬间，历经不同时期，其影响力经久不衰。国际长城之友协会会长英国人威廉·林赛在画册《万里长城百年回望》中写道："这些作品将艺术性与鼓动性融为一炉，表明他的祖国抵抗日本侵略的斗争绝不会失败。我携带着沙飞的照片重访这段长城，深切地感受到沙飞是在通过摄影让万里长城永存，长城永存，沙飞这个名字也将永存。因为这个名字与长城血肉相连。"

现如今，新闻摄影已成为人们生活中的一部分，人们获取的新闻信息大多来自新闻影像画面（单幅、组照或连续的画面，如图片、电视、视频等）。新闻摄影能把具有新闻性的人及社会生活的真实形象展现在观众面前，能够真实、生动地凝固历史瞬间，把人的真实情感和精神风貌记录下来（图 4.8.3）。新闻摄影比单纯的文字报道更具有可信性、厚重感和亲切感。

4.8.1　新闻摄影的特征

新闻摄影用摄影的手段报道新闻，具有很强的时效性，所表现的内容是新近发生或发现的、人们所关注的、对人们生活有影响

图 4.8.3　抗大二分校的战士在表演单杠　沙飞 / 摄
（1945 年）

图 4.8.4 《阵亡一瞬间》 罗伯特·卡帕/摄（1936年）

的实事。同时新闻摄影具有现场的纪实性，拍摄者必须亲临现场采访拍摄，用图文真实地记录事件发生的时间、地点、内容、人物和结果。

一幅好的新闻摄影作品，内容要真实可信，具有新闻价值，要以情感人、以意达人；在表现形式方面，要求拍摄者能够熟练运用摄影技巧捕捉到典型瞬间，合理用光，构图生动，表现手法新颖，作品要有较强的视觉冲击力和感染力。

新闻摄影的新闻形象是用影像画面的形式表现的。影像画面是内容与形式的统一载体，在一般情况下，内容决定形式，形式要服务于内容。在瞬间的拍摄中，为生动反映主题，在表现形式、构图、影调等处理不到位的情况下，应注重内容的表现。例如，匈牙利裔美籍摄影记者罗伯特·卡帕（Robert Capa）拍摄的著名作品《阵亡一瞬间》（图4.8.4）因受制于战场环境，虽然对焦不准确，构图不明确，主体虚化，但强化了激烈紧张的战争气氛，让观者仿佛置身于枪林弹雨的第一线，使人有身临其境之感。

拓展阅读

1936年，法西斯主义在许多国家相继抬头。西班牙佛朗哥发动内战。一天，卡帕正在第一线的战壕。一名战士跳出战壕，准备向敌人发起冲击，突然他的身体停住了，子弹击中了他的头部。卡帕面对这突如其来的事情条件反射地按下了快门。这幅作品曾以《西班牙战士》《战场的殉难者》《阵亡一瞬间》等标题发表，震动了当时的摄影界，成为战争摄影的不朽之作，也成为卡帕的传世之作。

罗伯特·卡帕（Robert Capa,

《西班牙女战士》
罗伯特·卡帕/摄

1913—1954）匈牙利裔美籍摄影记者，20世纪最著名的战地摄影记者之一。1947年，他和"决定性瞬间"的倡导者布勒松一同创立了著名的玛格南图片社，成为了全球第一家自由摄影师的合作组织。1954年5月25日，卡帕在越南采访第一次印支战争时，误入雷区踩中地雷被炸身亡。卡帕经典语录："如果你的照片拍得不够好，那是因为你靠得不够近。"卡帕报道过5场20世纪的重要战争。

小贴士

什么是新闻价值？

新闻价值是指报道的内容能够为人们提供新的、真实的，在社会上能产生积极影响的有意义的信息。

4.8.2　新闻摄影的拍摄技巧

新闻摄影反映的内容大多是正在发生的事件，想要及时、准确地捕捉到典型瞬间，摄影师首先应熟练掌握自己使用的照相器材，对快门速度、景深控制、闪光灯调节、功能键及快捷键的使用以及不同焦距镜头的性能等都应了如指掌，拍摄时做到运用自如；其次，要做到"快"。在拍摄现场，摄影师的思维必须敏捷，密切关注事件的发展变化；动作要快，迅速确定拍摄主体，选择拍摄角度、光线、构图，快速调整和选择相机相应的功能键。拍摄有动感的画面时，应使用高速快门，避免虚化。

4.8.3　新闻摄影的表现形式

4.8.3.1　独幅摄影

新闻信息主要通过影像画面来表现，同时以简短的文字辅助说明。独幅新闻图片应用比较广泛，一幅画面既有新闻信息，又有生动的形象，能将近期发生的新闻事实迅速及时地进行传播，时效性较强，一目了然，易于阅读。但是独幅摄影有其局限性，仅限于表现事物或人物的某个瞬间，缺乏揭示主题的深度和视觉的多样性。

4.8.3.2 新闻专题摄影

新闻专题摄影是用多幅影像画面结合文字反映同一新闻主题，从不同的侧面、不同的角度、全方位地叙述一个完整的事件，这种表现方法不仅可以表现新闻事件发生的瞬间，还可以深度反映事件发展变化的整个过程，对重大事件进行全面剖析，为读者提供公正、翔实、优美、有序的报道，使之加深对事件的认识，对人物形象的表现也更细致、更生动。20 世纪80 年代初，我国农村实行土地联产承包责任制，极大地调动了农民的生产积极性，农民生活有了很大的改善，许多家庭建了新房，买上了摩托车。山东省临沂市罗庄镇举办了首届农民运动会，农民骑着自己的摩托车参加了比赛。摄影师以《农民运动会》为题，采用新闻摄影专题的形式进行了报道。整组摄影专题采用多幅生动的画面，从内容上展示了丰富多彩的运动项目，在表现形式方面选择了不同的景别，主题片采用大场景展现农民们骑着自家的摩托争先恐后的热烈气氛，用中景反映其他运动比赛场景，近景表现人们喜形于色的神态。拍摄角度采用了俯拍、仰拍、水平多种表现形式，从不同侧面反映了这场独具特色的农民运动会（图 4.8.5）。

图 4.8.5　新闻专题摄影《农民运动会 》　李霞／摄

4.8.4　新闻摄影的文字说明

新闻摄影属于图文结合的新闻载体，文字说明用于补充新闻影像无法表现的部分新闻要素，增加报道内容的信息量。在揭示主题方面，可以起到导读作用。

新闻摄影的文字说明应当遵循新闻写作的原则，用准确简练、易读易懂的语言协助影像完成新闻要素的表达。

新闻专题摄影，在揭示主题方面，某些思想观点、情节和背景仅靠画面难以深刻表现，通常还需要配写一段整组专题的综合说明，每幅画面下面再配上简洁的文字说明，使新闻摄影更具有完整性和感染力。

4.8.5　新闻摄影记者的素质要求

新闻摄影记者应对社会有责任感，具有敏锐的思想，对反映的内容能明确判断出价值所在；要深入生活，有吃苦耐劳的精神；要勇于探索，不断提升文化修养和审美能力，现场拍摄时，能够熟练运用摄影技术，寻找到独特的拍摄角度，快速完成画面结构。新闻记者是脑力劳动和体力劳动的统一体，沉重的摄影器材、超负荷的运动量还需要求具有良好的身体素质。

小贴士

新闻要素是什么？

新闻要素又简称"六何"，或称作"5W+H"，是指：何人（who），何事（what），何地（when），何时（where），何故（why），如何（how）。

实践练习

1. 运用新闻摄影和纪实摄影的表现手法各拍摄一幅作品。

2. 分别用新闻摄影和纪实摄影表现手法各拍摄一组专题报道，题材不限，每组限拍8幅。

4.9　专题摄影

摄影技术诞生不久，人们便不满足于用单幅画面的影像来表现事物和事件，开始用多幅画面从不同侧面反映一个事物或事件的发展过程，讲述一个主题故事。1840—1841年，英国人用银版法拍摄了158幅意大利的建筑和风光。这组最早的意大利风物专题素材，迄今仍保留在伦敦科学博物馆里。专题摄影的信息量大，表现手法灵活，随着摄影技术的发展以及人们对专题摄影的社会功能的认知不断深入，如今，这一表现形式已被广泛采用。

4.9.1　专题摄影的特点与要求

专题摄影是一种适用于摄影多种体裁（例如新闻摄影、风光摄影、人物摄影、静物摄影等），集思想性、艺术性于一体的表现形式。

专题摄影是用多幅影像画面结合文字，从不同的侧面、不同的角度，全方位反映同一主题。每幅影像画面并不是孤立存在，而是在一定的结构方式下，相互之间存在着内在的逻辑关系。在表现主题的过程中，不是拼凑，而是排列有序递进的关系，并且与文字相得益彰，结构层次丰富，内容充实，具有情节性和故事性。

专题摄影的每幅画面在表现主题方面如同写文章，整组专题要有一幅"形象标题"片，即在表现主题方面具有典型特征的影像画面，通常称为"点题片"，又称"主题片"。点题片是整组专题的灵魂。其他影像画面如同文章中的段落，在一定的结构下围绕主题各司其职，表现的内容应能表现主题的一个关键所在，同时又相互呼应，有机地连在一起，能够形象地体现典型细节和情节，在叙事中构成情节上的起伏。

专题摄影的文字与画面相辅相成，起着重要的作用。整组专题摄影的文字可分为标题、总说明文、分说明3个层次。

专题摄影文章标题的确立，应改变思维方式，不要局限于仅用文字去点题，可借助画面的视觉语言充分发挥画面视觉的表现作用。抽象的文字语言与形象的画面语言结合形成的标题，会更加生动、直接地表达主题。例如，《他家富了》这组摄影专题，反映了20世纪80年代初，我国改革开放政策给农村带来的变化——山东菏泽农民刘永勤一家很快由穷变富。文章标题与主题片中扬眉吐气的刘永勤相互呼应，生动地揭示了主题思想（图4.9.1）。

专题摄影的文字一般分为3部分，即标题、总说明文、分说明（每幅图片的说明）。总说明文主要辅助图片阐述主题、表达作者的意图，要求中心思想明确，层次分明，语句通顺，有逻辑性，语言精练充实而富有特色。写作的方式根据题材的特点、表达的内容而定，反映新闻类题材可选择消息、通讯等形式，反映文学类的题材可选择散文、诗歌等形式。也可以采用倒叙的形式。文章中的每一句话和每一段落都要围绕主题画面来写。分说明要围绕主题对每幅画面进行补充交代。专题摄影的文字应避免与画面内容重复，在主题表达上只是对画面表现的补充和完善。

在画面表现形式方面，可运用各种摄影造型语言和造型技巧，景别要有变化，有远景、中景、场景气氛的描写，还要有近景、特写、细节的刻画；构图要选择多种表现形式，如几何构图、线形构图等，还可调整不同的拍摄角度，采用俯视或仰视，使整组画面错落有致。

图 4.9.1　《他家富了》　李霞 / 摄

每幅画面组成整组画面时，效果如何应做到心中有数。要有版面意识，拍摄时要有意识地合理运用摄影技巧去"润色"和渲染画面。

4.9.2　专题摄影的类型

根据摄影画面与文字在整组专题中所占有的比例，专题摄影可分为以下几类。

（1）以摄影画面为主，反映事件、人物、景物的专题摄影。这类摄影专题表现主题只用简练的文字对图片做分说明，甚至只用标题，重点凸显摄影艺术的造型特点，依靠画面形象语言表述，就可使人一目了然。

（2）图文并茂。这类摄影专题需要一定的文字补充说明图片所表现的内容的背景和情节，与画面共同完成主题的表达（图4.9.2）。作者采用图文并茂的表现手法，介绍了一位普通的农村姑娘，以诚挚的爱心和坚韧的毅力在聋哑儿教育事业上做出的感人事迹。画面从袁敬华和聋哑儿在一起生活学习的不同侧面形象地、生动地向读者加以展示，详细的事迹用文字加以补充，把人物表现的有血有肉，富有感染力。

（3）以文字为主，画面为辅。这类专题摄影主要依靠文字表现主题，画面只用来做插图，是内容的补充，通常用来表现时空跨度大、情节曲折，或者不宜用画面形象展示的内容。

图 4.9.2 《让哑巴说话的人》 李军 / 摄

4.9.3 专题摄影的表现手法

拍摄专题摄影，选择适当的表现手法可以更好地表达主题，增强内容的感染力。专题摄影常用的表现手法有直叙、对比、引申等。

4.9.3.1 直叙

直叙是按事物发展的顺序进行表述，每幅画面按照事件的过程循序排列（图 4.9.3）。直叙是专题摄影表现的基本手法。

4.9.3.2 对比

通过画面形象对比，使反映的内容更具真实性和感染力。可用来对比的内容很多，例如新与旧、过去现在、高山与平原、严寒与酷暑等。在运用对比手法时，可以用每幅画面进行对比，也可以用一幅画面与多幅画面对比，还可以用图文分别代表一个方面进行对比。

4.9.3.3 引申

用一张照片或某一事件引出有关联的值得反映的事情，使人触景生情，引起联想。

图 4.9.3　《赛牛会上》　李霞 / 摄

1. "以小见大"

以小见大的表现手法使人窥一斑而知全豹。有些题材缺乏专题摄影的要素，提炼不出直观的画面形象与情节，不利于表现主题。采用以小见大的表现方法，选择典型的细节，不仅增加视觉冲击力，还可以深化主题。专题摄影《他家富了》（图 4.9.1）一稿就是采用以小见大的表现手法。改革开放初期，山东菏泽地区率先实行了农村土地承包责任制，农民刘永勤一家人口较多，原属于贫困户，土地承包后，家里每个成员进行了分工，一年多的时间，全家人的生活有了显著变化。虽然这个家庭在整个地区只是很小的一分子，但却反映了当时我国制定的农村政策所产生的威力。

2. 综合

为表现一个主题，将各方面的有关内容组织到一个专题里，即综合手法。适合表现内容宽广、气势宏大的场景。运用综合表现手法，每幅画面要求精练并具有典型性，否则会导致专题的松散平淡。例如，《银山崛起　景象万千》这组综合性的新闻摄影专题，通过山东省聊城市棉花喜获丰收的情景，反映了党的十一届三中全会制定的富民政策给广大农村带来的变化。作品中的图片反映的是不同地点的场景和人物，表面看起来似乎没有必然的联系，但这些图片都发生在同一个时间段内，以不同的内容和表现形式服务于同一个主题，由此相互间便产生了内在的联系（图4.9.4）。主题片棉花收购站崛起的棉垛、喜笑颜开的棉农、繁忙的场景凸显了主题。在形式表现上，无论是景别还是拍摄角度的选择，也都较好地配合了主题。

图4.9.4　《银山崛起　景象万千》　李霞／摄

小贴士

如何拍好专题摄影？

标题要有特色具有吸引力；避免文图脱节；文字要精练有概括性；画面之间要有内在联系，防止拼凑；注意景别、视角的变化；反映的内容要有深度，增强画面的表现力。

实践练习

1. 根据专题摄影的特点要求，自行选择体裁及表现形式，拍摄一组专题摄影。

2. 拍摄一组图文并茂的专题摄影。

单元5　数字图像常规处理

数字摄影，前期的拍摄就是捕捉光影、控制曝光，后期的处理则是要有意识地调整光影在照片上的强度和分布。

5.1　概述

数字图像处理是利用计算机对图像进行去除噪声、增强、复原、分割、提取特征等处理，使之更加满足人的视觉、心理以及其他要求的技术。图像处理产生于 20 世纪 20 年代，后经不断完善发展，在 60 年代末逐渐成为一门新兴的学科。图像处理的目的主要是改善和提高图像品质，或者从图像中提取有效信息。利用数字图像处理技术还可以对图像进行数据压缩，便于图像的存储和传输。

5.2　数字图像处理的硬件设备

5.2.1　计算机

目前常用的操作系统平台有：苹果 Macintosh 系统和微软 Windows 系统。虽然计算机的外形和体积各不相同，但都包含以下关键部件。

5.2.1.1　中央处理器（CPU）

中央处理器（CPU）或处理器是计算机的大脑。CPU 的速度越快，计算机的计算处理能力越强。目前市场上有两个品牌的 CPU 占主导地位，即 AMD（American Micro Device）和英特尔（Intel）。CPU 的速度以兆赫（MHz）为单位，目前（这是一个不断发展的市场）高端 CPU 频率接近 5GHz（1GHz ＝ 1000MHz）。如今，采用 2 ～ 3GHz CPU 的系统已经很普遍了，而顶级处理器已经开始采用四核八线程技术、22nm 制作工艺。

5.2.1.2　内存（RAM）

内存（RAM）是计算机的工作存储器。内存的容量越大，计算机运行得越流畅、越迅速。当前机器中一般都安装有至少512MB（兆字节）的内存。如果需要处理超高分辨率的图像，建议使用最低1024MB（即1GB）的内存。

5.2.1.3　硬盘

硬盘是计算机的存储空间，它储存了从操作系统到数字图像文件等所有的数据。如果需要存储大量的图像，就需要有很大的硬盘空间。市场上有各种不同容量的硬盘可供选择。建议硬盘容量不要低于1TB（1TB = 1024GB）。如果需要，还可以随时在现有计算机系统中添加硬盘驱动器。

5.2.1.4　显卡

一块具有出色性能的显卡对色彩的准确再现是非常重要的。几乎所有的显卡都支持时下的各种数字图像处理软件，因此选用什么品牌都无所谓。但是，显卡上应至少有512MB/1GB的显存。

5.2.1.5　其他设备

为便于备份图像文件（文件应定期备份），或者为了将客户所需的图像刻录在CD或DVD上，CD刻录机和DVD刻录机是必不可少的。使用CD-R（可刻录光盘）和DVD-R（可刻录DVD光盘）这两种刻录光盘，数据都只能写入一次，为了长期存储，建议使用CD-RW（可重复刻录光盘）或DVD-RW（可重复刻录DVD光盘）。将刻录好的CD和DVD妥善保管好，这一点非常重要，因为任何划痕都可能对其造成损坏而使光盘中的文件数据永远不能被读取出来。建议复制多张光盘并储存在不同的地方。其他形式的存储系统包括外部驱动器，如容量为若干GB的USB优盘以及通过USB接口或火线（FireWire）与计算机连接的移动硬盘，后者的容量往往高达1TB或更高。

上述大多数部件都可以升级，当然前提是计算机要有足够的空间。其他一些重要的附件也可以通过另外一些接口连接到计算机上。

5.2.2　外围设备

5.2.2.1　显示器

操作者通常会连续盯着计算机屏幕看数小时，因此购买一台质量上乘且合适的显示器非常重要。如果在计算机上的工作主要是处理图像，那么显示器的最低配置也要达到 17 英寸。如果资金充裕且空间允许，建议购买更大的屏幕。显示器应以最低 1440×900 像素的分辨率和 32 位（64 位更好）的位深（屏幕可以显示的色彩数）运行。

显示器有两种主要类型：LCD（液晶）显示器和 CRT（阴极射线管）显示器。LCD 显示器比 CRT 显示器的亮度更高，并且产生的热量更低，所占用的空间也要少得多。如果使用的是 CRT 显示器，需要确保它以适当的刷新频率运行。当刷新频率低于 60Hz 时，屏幕会轻微地闪烁，长时间盯着屏幕会造成视觉疲劳。一般情况下应将 CRT 显示器的刷新频率设置为不低于 70Hz，以获得无闪烁的工作环境。

5.2.2.2　鼠标和手写板

鼠标是数字图像处理中的主要工具，一定要用质量好、灵敏的鼠标。建议使用无线鼠标，它可以让工作区域更加自由。常用的其他类型的鼠标设备有轨迹球、手写板等。轨迹球是一种固定的鼠标，外壳装有一个可以转动的小球，使用者用手指操控小球即可，而无须像传统的鼠标操作那样需要移动手臂。手写板支持用手写笔代替鼠标移动光标，使用者可以更轻松地对图像进行处理。

5.2.2.3　平板扫描仪

平板扫描仪是一种包含跟踪光源和扫描条的玻璃顶盒，可将尺寸不超过 A3 大小的黑白和彩色印刷品转换成数字文件。平板扫描仪能够扫描任何一种反光材料，如印好的照片、书籍、报纸等。有些平板扫描仪加上相应配件后可扫描不同规格的胶片材料，最大可达 4 英寸 $\times$ 5 英寸。

5.2.2.4　读卡器

如今，较新的计算机系统通常都会配置一个内置读卡器，可直接将存储卡插入读卡器从而与计算机相连，这样就不需要麻烦地经过某种外部设备了。独立的外部读卡器能够读取各种不同类型的存储卡，其中能够读取 SD 卡、CF 卡的读卡器最为常见也可以直接把照相机经由 USB 接口或火线连接到计算机，将照相机作为读卡器。

5.2.2.5　调制解调器

许多计算机都有一个内置的调制解调器，它可以使计算机通过电话系统连接到互联网。如果想要获得速度更快的互联网连接（宽带），需要专用的高速调制解调器。这种调制解调器可以通过 USB 端口或网线（以太网）连接到计算机上。

5.2.2.6　打印机

如果想要输出图像，性能良好的打印机是必不可少的。常用的图像打印机有喷墨打印机和激光打印机。

喷墨打印机是当前最为经济实惠的数字打印机。购买喷墨打印机，可以在 A4 ～ A0 这一尺寸区间选择，打印机打印的幅面越大，价格越高。喷墨打印机的打印速度相对较慢，但可以使用多类型的打印纸，40 ～ 450g 的打印纸都能从容打印。喷墨打印机需要小心维护，打印头喷嘴长期不用容易堵塞，使用前需要运行清洁程序进行清理，然后打印测试页确认各个喷头工作正常，方可放心使用。

激光打印机利用硒鼓打印，成本昂贵，纸张受限。

拓展阅读

显示器颜色校准

通常，我们使用数字照相机输入图片，经过计算机处理得到理想的作品，然后利用打印机输出或直接输出于计算机显示器上（如现场展示用、网站网页等）。但很多时候，最终输出的图片效果和我们的预期大相径庭，显示器上显示的图片与输出图片在色彩、亮度和对比度等方面存在较大差异。这时就要检查显示器屏幕、打印机和扫描仪是否做过正确的色彩调整。一般来说，打印机的默认设置是比较准确的，如果对打印机进行色彩调整，建议请专业人士操作。

显示器颜色校准的目的是把图片原稿真实地显示在计算机屏幕上，便于我们做进一步的图片处理。需要注意的是，目前常用的 Windows 系统和 Macintosh 系统在色彩处理方面有所不同，例如 Windows 采用值为 2.2 的灰度参数，而苹果 Mac OS 的灰度参数为 1.8，所以在校正显示器时要注意这方面的问题。

色彩校正设备一览表

型号	用途
EyeOne i1Photo PRO2	校正相机、显示器、投影仪、扫描仪和 RGB 打印机
ColorMunki Design	校正显示器、投影仪和打印机，拾取颜色、校正颜色
Spyder4Elite 红蜘蛛	校正显示器、投影仪
SpyderStudio 蜘蛛套装	校正相机、显示器、投影仪

实践练习

1. 了解计算机的部分硬件和外部设备。

2. 校准显示器。

5.3 数字图像处理的软件程序

图像处理软件是用于处理图像信息的各种应用软件的总称。基于专业的图像处理软件有 Adobe 公司的 Photoshop 系列，基于应用的处理管理软件有 Google 的 Picasa 等，还有实用的大众型软件彩影，非主流软件光影魔术手、美图秀秀等。

5.3.1 常用数字图像处理软件简介

5.3.1.1 Adobe 系列

1. Adobe Photoshop

Adobe Photoshop 具有非常强大的功能，广泛用于修饰和处理摄影作品和绘画作品，在图像、图形、文字、视频、出版等各方面都有使用，并支持 Windows 操作系统和 Mac OS 操作系统。

2. Adobe Photoshop Lightroom

Adobe Photoshop Lightroom 是当今数字拍摄工作流程中不可或缺的一部分，它可以快速导入、处理、管理和展示图像，其增强的校正工具、强大的组织功能以及灵活的打印选项还可加快图片的后期处理速度。

3. Adobe Illustrator CS

Adobe Illustrator CS 是一套被设计用作输出和网页制作的多用途、功能强大且完善的绘图软件包，这个专业的绘图程序整合了功能强大的向量绘图工具、完整的 PostScript 输出，并与 Photoshop 或其他 Adobe 系列软件紧密地结合。第 10 版增加了诸如 Arc、矩形网格线（Rectangular Grid）以及坐标网格线（Polar Grid）工具等新的绘图及自动化优点；增加编辑的灵活度以及标志（编辑主要的对象或图像复制），你可以运用笔刷及其他如合并、数据驱动坐标等在工具列上的创造工具，建立连接到数据库的样版。 新的 Illustrator 还提供更多的网络生产功能，包括裁切图像并支持可变动向量绘图档（SVG）增强。

5.3.1.2　图片应用管理软件

1. 美图秀秀

美图秀秀是新一代非主流图片处理软件，用它可以在短时间内制作出非主流图片、非主流闪图、QQ 头像、QQ 空间图片。

2. 可牛影像

可牛影像软件可用来轻松管理计算机上的所有照片，全面扫描计算机中的图片。

3. 光影魔术手

光影魔术手是一款在国内最受欢迎的图像处理软件，用它来处理数字图像和照片，速度快、实用、易于上手。它能够满足绝大多数照片后期处理的需要，批量处理功能非常强大。它无须改写注册表，如果你对它不满意，可以随时恢复你以往的使用习惯。

4. isee

isee 是一个功能全面的数字图像浏览处理工具，不但具有与 ACDsee 相媲美的强大功能，还针对中国的用户量身订做了大量图像娱乐应用功能，可以让图片动起来，留下更多更美好的记忆。

5.3.1.3　动态图片处理软件

1. Ulead GIF Animator

Ulead GIF Animator 是一个简单、快速、灵活、功能强大的 GIF 动画编辑软件，也是一个不错的网页设计辅助工具，还可以作为 Photoshop 的插件使用，它具有丰富而强大的内制动画选项，让我们更方便地制作符合要求的 GIF 动画。

2. GIF Movie Gear

GIF Movie Gear 是普通用户制作动画 GIF 文件的最佳工具之一，它不仅功能强大，而且界面直观、操作简便，相对于庞大的专业的 GIF 动画制作软件而言，GIF Movie Gear 让普通用户觉得更容易上手、使用更方便。

虽然市面上有这么多的图像处理软件，但使用最多的还是 Photoshop（简称 PS）和 Lightroom（简称 LR）。

国内的摄影师一直纠结于是使用 PS 还是使用 LR。实际上，无论是 PS 还是 LR 都是 Adobe 公司旗下的软件，都是处理数码图片的工具，都可以处理 RAW 文件格式，都是使用同样的色彩管理。

PS 和 LR 的不同之处在于：①定位不同。PS 精于创意和设计，LR 精于效率和管理，PS

定位于设计师，LR 定位于摄影师；②功能不同。LR 不如 PS 功能强大，PS 不如 LR 简洁明了；③学习方法不同。LR 简单易学，便于操作，PS 则要系统学习，反复练习；④价格不同。Photoshop Lightroom 5 的价格为 149 美元，Photoshop CC 每月 9.99 美元。

5.3.2 常用软件界面

Lightroom 是一款适合专业摄影师输入、选择、修改和展示大量的数字图像的高效率软件，它可帮助用户用更少的时间整理和完善照片。它的界面干净整洁（图 5.3.1），可以让用户快速浏览和修改完善照片以及数以千计的图片。它是一款重要的后期制作工具，支持各种 RAW 图像，主要用于数码相片的浏览、编辑、整理、打印等。

图 5.3.1 Lightroom 工作界面

Photoshop 的专长在于图像处理，而不是图形创作。图像处理是对已有的位图图像进行编辑加工处理以及运用一些特殊效果，其重点在于对图像的处理加工。影像创意是 Photoshop 的特长，通过 Photoshop 的处理可以将不同的对象组合在一起，使图像发生变化。Photoshop 开机界面如图 5.3.2 所示。

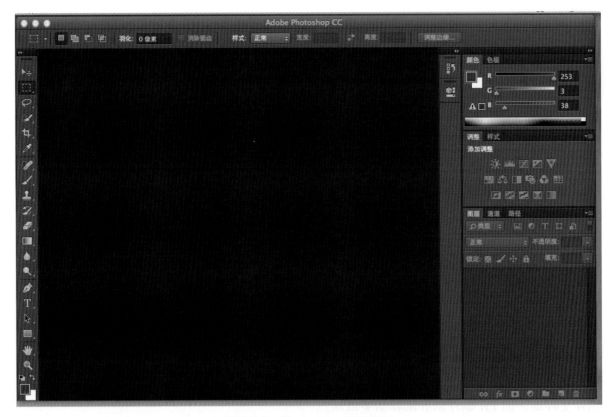

图 5.3.2　Photoshop 开机界面

5.3.3　RAW 格式的利器、最好的数据库——Lightroom

Lightroom（以下简称 LR）是一个可以导入、整理、分类、评级、优化和输出图片的跨平台（无论是内置还是外置的存储设备）数据库。

LR 不仅能让你不用打开每张照片就进行检视，还能让你对照片进行分类从而避免丢失。倘若你要寻找一张很久之前的照片，并且完全记不得照片名称和存储文件夹的话，LR 也能告诉你这张图片是在哪个硬盘或者哪张光盘。无论图片在哪，它都能帮你找到。在查找时，你只需要输入一个描述性的关键词就行了。

5.3.3.1　跨平台兼容性

LR 是一个跨平台（Mac 或 Windows）的系统，它可以组合目录，并将你的一部分主目录输出为一个更小的单独目录。这一功能可以帮你同步运行在不同电脑上的目录，如果你在拍照时使用笔记本电脑而回到家之后使用台式机的话，这一功能就非常重要。这样，将来需要更换操作系统时，数据库中的内容可以像以前一样使用。你可以使用一个多种操作系统均可兼容的数据库，例如在一台 PC 机上或一台 Mac 台式机上，在一个操作系统中打开由另一个操作系统创建的目录。

5.3.3.2　灵活的文件管理

对于你想保持的图片或文件夹结构，LR 一点也不繁琐，它将对不同电脑硬盘驱动器或磁盘上的文件夹结构做一个镜像。不是所有的数据库都允许选择存储图片的位置。

5.3.3.3　同步文件夹

LR 可以同步它所显示的文件夹和硬盘驱动器中实际存储的图片文件夹。例如，如果你将一个图片文件夹输入到 LR 目录中之后，再通过你电脑的操作系统将图片放入图片文件夹，你可以同步文件夹，将这个图片添加到 LR 目录中，从而可以将目录做成镜像"图库–同步文件夹"。

5.3.3.4　智能的内存管理

LR 数据库中的每个图片元数据都存储在数据库目录的内存中（独立于每个图片），也可以将这些信息（XMP 数据）保存到图片文件中。如果存储库无法识别关键词，那么在数据库目录中对图片添加关键词就没有用，例如，如果你在 iPhoto 中添加关键词，并在 Bridge 中浏览这些图片，Bridge 将无法识别这些关键词，因为关键词存储在 iPhoto 数据库中，而不是在图片文件里。而 LR 则在两处都存储关键词。

5.3.3.5　Photoshop 兼容性

摄影作品处理选择 LR 作为数据库软件最重要的原因是，只有 LR 使用与 Adobe camera RAW 相同的编辑控制来更改图片的外观，这些编辑控制包括曝光、修复、黑色、亮度、对比度等。这意味着，如果你将元数据保存到 LR 中的文件，然后在 Adobe Camera RAW 中打开该文件，所有你做过的调整不仅可见，还可以再进行修改。

实践练习

1. 了解图像处理软件 Lightroom 的界面。

2. 熟悉 Lightroom 软件的跨平台使用。

5.4　基本图像编辑

在编辑图像之前，首先要学会高效管理图片库。LR 中有 6 个模块，分别是"图库""修改照片""地图""画册""幻灯片放映"和"Web"，每个模块设置了相应的功能。图库是最好、最有效的图片管理方式。

5.4.1　管理图片

5.4.1.1　导入照片之前

在进入 LR 并开始导入照片之前，需要先确定图片库的存储位置，可在硬盘或移动磁盘中建立一个由 LR 来管理的文件夹，所有的照片都可导入到此文件夹中（图 5.4.1 和图 5.4.2）。

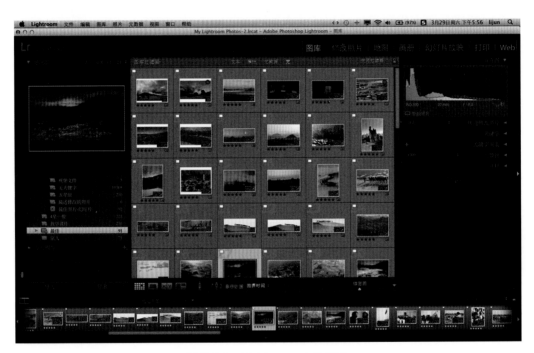

图 5.4.1　Lightroom 中的模块

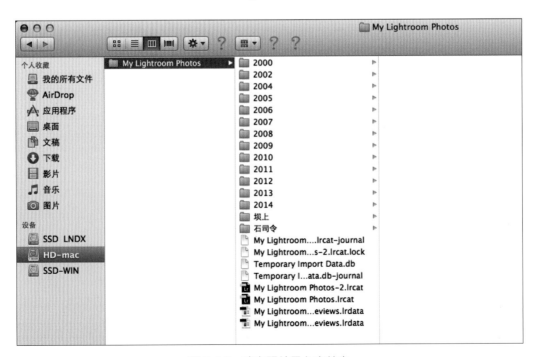

图 5.4.2　建立照片导入文件夹

图片存储位置很重要，要考虑未来几年拍摄照片的数量，如果拍摄量大频繁，建议把照片存储于外接硬盘上。

5.4.1.2 导入照片

LR 中提供了 4 种导入方式，分别是"复制为 DNG""复制""移动"和"添加"，其中"复制为 DNG"是最常用的一种方式（图 5.4.3）。

图 5.4.3 导入图片的方式

DNG 格式有两大优点：第一，文件更小。RAW 格式文件占用很大的磁盘空间，当文件转化为 DNG 格式后，通常可以减少大约 20% 的磁盘空间。第二，不需要单独的附属文件。当我们编辑 RAW 文件时，元数据是保存在一个后缀为 XMP 的附属文件中，如果要提供给别人 RAW 文件，就要把 XMP 一同提供。

5.4.1.3 导入照片之后

1. 组织照片

LR 提供了 3 种方法来给照片评级，分别是星级、色标和旗标，还提供了使用收藏夹和智能收藏夹来自动组织和管理照片（图 5.4.4）。

图 5.4.4 在 LR 中组织照片示意图

2. 快速查找照片

LR 具备强大的搜索功能，可以通过"图库过滤器"实现。如果需要按照文本搜索，可以在搜索字段内输入相关文字，例如文件名、关键字、标题、EXIF 的内嵌数据等。还可以通过"属性"搜索，属性就是组织图片时使用的星级、色标和旗标（图 5.4.5）。另外，还可以通过嵌入在图片中的"元数据"进行查找，也就是基于所用相机的镜头及序列号（即镜头型号、镜头焦距、光圈、快门、ISO、闪光灯状态以及 GPS 数据等）来查找图片。

5.4.2 编辑照片

编辑图片的模块是"修改照片"，这个模块内的控件非常的技术化和复杂，充满了变化。

5.4.2.1 了解直方图

在 LR 右侧面板的顶部是该调整图片的直方图，它反映了照片的像素分布情况，是判断图像曝光和影调效果的重要依据。在这个两维的坐标系中，横轴最左边是最暗部（黑色色阶），向右逐渐变亮，最右边是最亮部（白色色阶），纵轴表示一定亮度范围内像素的分布情况，影调像素的分布以山峰形式展现。

图 5.4.5 通过"属性"搜索查找照片

直方图常见形式有以下 5 种：

（1）完整型。曝光恰当，影调均衡，如图 5.4.6 所示。

图 5.4.6 完整型直方图

（2）右高型。曝光过度，图片偏亮，如图 5.4.7 所示。

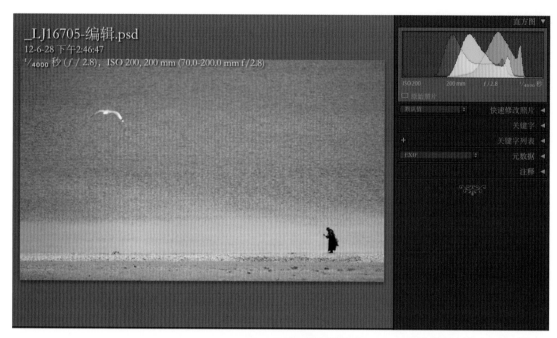

图 5.4.7　右高型直方图

（3）左高型。曝光不足，图片偏暗，如图 5.4.8 所示。

图 5.4.8　左高型直方图

（4）中凸型。反差过低，图片发灰，如图5.4.9所示。

图 5.4.9　中凸型直方图

（5）中凹型。亮暗分明，反差强烈，如图5.4.10所示。

图 5.4.10　中凹型直方图

　　在实际拍摄中，没有"完美的"直方图，只有和图片一一对应的像素与影调的分布。在拍摄期间，可以用直方图来了解照片是不是控制在想要的曝光范围内。图片后期处理则通过调整影调分布来达到创作追求或还原影像真实。

5.4.2.2　设置白平衡

　　编辑照片时，首先要设置白平衡，只有白平衡设置正确了，图片的颜色才正确，后期的颜色校正问题就会大大地减少。白平衡是"修改照片"模块内最重要、最常用的控件之一（图 5.4.11）。

图 5.4.11　白平衡的调整

　　LR 中提供了联机拍摄时一次校正白平衡，在同一环境光下不必每次设置，省去了后期制作时的调整。

5.4.2.3　曝光度调整

LR 具有强大的曝光调整功能，其中"基本"是一个非常全面的修改图片的重要工具，它包括 3 个主项，即"白平衡""色调"和"偏好"，每个选项又有详细的分项来完成图片的调整（图 5.4.12）。

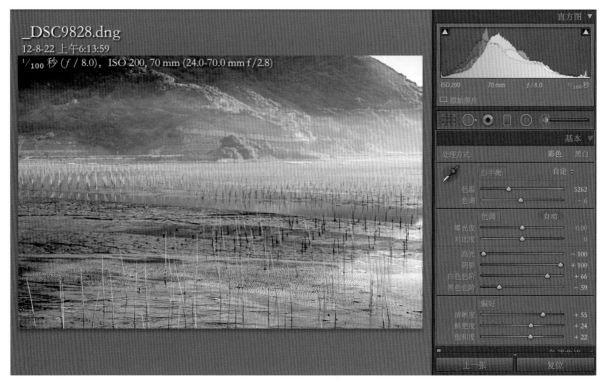

图 5.4.12　LR 中的"基本"工具面板

曝光度调整有以下 3 种方法。

（1）常规的曝光调整。将鼠标放到"曝光度"的滑块上向右拖曳增加曝光量，向左拖曳减少曝光量。

（2）快捷的曝光调整。将鼠标直接放在直方图上，左右拖曳，此时图片的曝光量随之变化。

（3）精确的曝光调整。在"直方图"中，左上角和右上角各有一个小三角，分别代表着"高光修剪警告"和"阴影修剪警告"。单击两个小三角，图中出现的蓝色色块意味着暗部太暗，印刷后将是没有细节的黑色；图中出现的红色色块表示此处太亮，印刷后的红色区域将是没有细节的白色。

 小贴士

LR 同时提供了根据修剪警告来调整曝光。先按下键盘上的 Alt 键，然后依次拖曳"曝光度""阴影""高光"滑块来检查图像暗部或者亮部的溢出情况。当出现颜色亮点时，此处某通道或两个通道曝光过度了；当出现纯白色时，意味着图片中所有的三个通道都失去了细节，这就是我们说的"死亡三角形"！

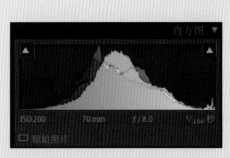

"死亡三角形"

5.4.2.4　清晰度调整

"清晰度"是对图片的视觉冲击力进行调整，它增加了图片中的对比度，显得图片像是被锐化过一样。

 小贴士

一般的建筑图片或者场景宏大的风景图片，可以把"清晰度"调高到 +70。如果是人像或者肖像图片，把"清晰度"调至 −100，图片将会变成柔和的散焦状。大多数图片的"清晰度"可以控制在 +25~+50 之间。

5.4.2.5　鲜艳度调整

图片的鲜艳度可通过 LR 中的"鲜艳度"和"饱和度"两个滑块来调整。"鲜艳度"是提高饱和度不足的部分，使之变得更加鲜艳明快，而饱和度过高的不做调整，尽可能地避免影响皮肤的色调。"饱和度"是均匀提升图片中的各种颜色，虽然平淡的颜色变得饱和了，但本来就饱和的颜色会变得更加饱和，易产生矫枉过正的效果。

5.4.2.6　色调曲线调整

"色调曲线"是调整影调的高级功能，可以分通道调节，需要反复多练、多思考。调整的方法有以下几种。

（1）最快捷的调整。从"点曲线"（图5.4.13）下拉列表中选择一种预设，这是应用对比度最快捷、最简单的方法。

（2）最智能化的调整。使用"目标调整"（TAT）工具（图5.4.14），它位于"色调曲线"的左上角，显示为一个圆形的靶状小图标。当光标移动到该图标上时，会出现上下两个三角形。利用"目标调整" 可以加亮或压暗十字交叉点位置的曝光量和色调。

（3）精细的调整。编辑色调曲线，曲线越陡，对比度越强（图5.4.15）。

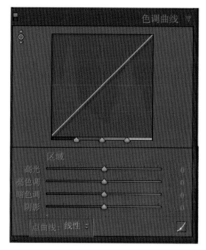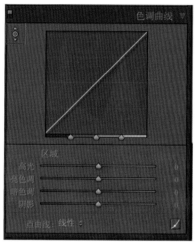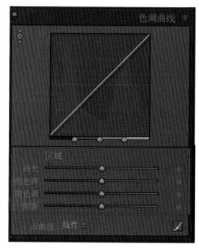

图5.4.13　"点曲线"选项　　　　图5.4.14　"目标调整"工具　　　　图5.4.15　编辑色调曲线

 小贴士

使用完成之后，在TAT工具图标上左击鼠标，返回原来的初始状态。

5.4.2.7　颜色调整

"HSL"面板有4个按钮，分别是"色相""饱和度""明亮度"和"全部"（图5.4.16）。其中，"色相"可让我们通过滑块把图片中现有的颜色修改为不同的颜色。另外，"HSL"面板中还有8个滑块，控制着图像内颜色的饱和度。最精确的色彩饱和度调整方法是把鼠标移动到想调整的颜色上，按住鼠标左键向上拖曳，可增加该色的饱和度。

5.4.2.8　局部调整

LR中进行局部调整的工具有"剪裁""污点修复""渐变"和"画笔"。

1. 剪裁图片

LR提供了7种不同形式的剪裁构图网格，如图5.4.17～图5.4.23所示。常用的有古典的黄金分割法、经典的三分法和动感的视觉引导法。

图 5.4.16 "HSL"面板

图 5.4.17 网格剪裁法

图 5.4.18 三分法

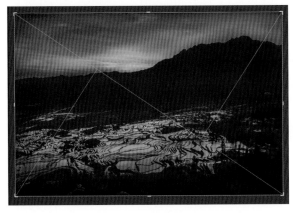

图 5.4.19 黄金分割法

图 5.4.20 黄金螺旋法

图 5.4.21 长宽比法

图 5.4.22 交叉线法

图 5.4.23 井字法

小贴士

☆ 在"修改照片"模块中，选择工具条中的"裁剪叠加"，每按一次字母"O"键，裁剪框就会显示不同的裁剪构图网格。

☆ 在裁剪模式下，按两次字母"L"键，进入关闭背景光模式，更加突出主体，把所有分散注意力的对象隐藏。

2. 矫正歪斜的图片

如果拍摄的图片是歪斜的，LR 提供了 3 种方法来矫正：一是旋转剪裁框矫正；二是使用"矫正工具"矫正；三是使用"角度"滑块矫正。

最快捷的方法是，单击"矫正"工具中的小标尺，并沿着图片中应该水平的对象从左往右拖动鼠标。原图如图 5.4.24 所示。单

图 5.4.24 原图

击"裁剪叠加"和"角度"，如图 5.4.25 所示，按照图片中的地平线画一条线然后调节角度至水平（图 5.4.26），矫正后效果如图 5.4.27 所示。

图 5.4.25　选取"裁剪叠加"和"角度"

图 5.4.26　调节角度至水平

图5.4.27 矫正后的效果图

3.污点去除

如果镜头或照相机图像传感器上有污点、蒙尘、斑点或者其他污渍，就会在每一幅图片的同一个位置出现脏污。LR中进行"同步"处理的优点就是，一旦从一张图片中消除了污点，就可以基于所校正的图片，自动校正其他图片。污点去除效果如图5.4.28所示。

修改前   修改后

图5.4.28 单击"污点去除"的效果

图 5.4.29 原图

图 5.4.30 渐变滤镜校正数据

图 5.4.31 调整后的效果

4. 校正天空

LR 中的"渐变滤镜"工具可以校正照片中的天空部分。渐变滤镜本是传统摄影中常用的辅助器材，主要作用是平衡影调，在风光摄影中运用广泛，LR 的"渐变滤镜"工具，作用与之相同。例如，在天空与地面的亮度反差很大时，利用滤镜深色的一边（按住鼠标左键，拖曳一条垂直线，松开鼠标左键即可）降低天空的亮度，减少其与地面的反差，使天空和地面的层次感和深邃感得到完美的呈现（图 5.4.29 ~ 图 5.4.31）。

"渐变滤镜"中各滑块及其作用介绍如下。

"曝光度"用来调整图片的整体亮度，移动滑块，数值越高，效果越明显，主要针对中间色调的调整。

"对比度"主要用来改变中间色调的对比度。

"高光"用于恢复图片中过度曝光的高光区域的细节。

"阴影"主要针对曝光不足的阴影区域增加曝光量，使其显现更丰富的细节部分。我们经常把它和"高光"一起使用，会得到好的修饰效果。

"清晰度"的调整，可有选择地增加图片局部的对比度来增强图片的深邃感和凹凸感，可以防止高光和阴影区域的细节丢失，工作原理类似 PS

中的"USM 锐化"。

"饱和度"用来调节颜色的明度和纯度。

"锐化程度"可以增强像素边缘的清晰度，以凸显图片细节，负值表示细节模糊。

"颜色"模拟镜头前加装渐变滤镜的效果，并将色调应用到所选中的区域。

"杂色"去除因提亮暗部而产生的明亮度噪点。

"波纹"对图像的摩尔纹有部分消减的作用，主要还是对颜色混叠现象的消除。

除以上罗列的各种效果外，LR 还预设了一些常用的特殊效果，比如牙齿美白、光圈增强和柔化肤色等。

5. 减淡加深和调整照片的各个区域

"画笔"是 LR 最实用的工具，用于调整图片局部的曝光、亮度以及颜色的饱和度等。调整画笔工具，不但可以对画面局部进行加减光的处理，还可以调整局部的颜色。减光处理前后效果如图 5.4.32、图 5.4.33 所示。

图 5.4.32　减淡加深前

图 5.4.33　减淡加深后

6.细节调整——锐化与减低噪点

（1）锐化。图片是否有噪点，是否足够清晰，都是评价一幅摄影作品画质高低的重要标准。随着照相机制造技术水平的不断提高和锐化技术的发展，LR中增加了许多可调控的选项，利用好这些功能得到更好的锐化效果，减少细节损失。LR的锐化调板中设计了4个调控滑块，分别是"数量""半径""细节"和"蒙版"。图片锐化效果如图5.4.34、图5.4.35所示。

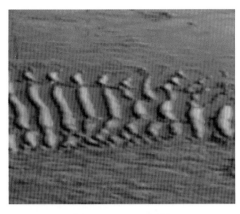

图 5.4.34　原图

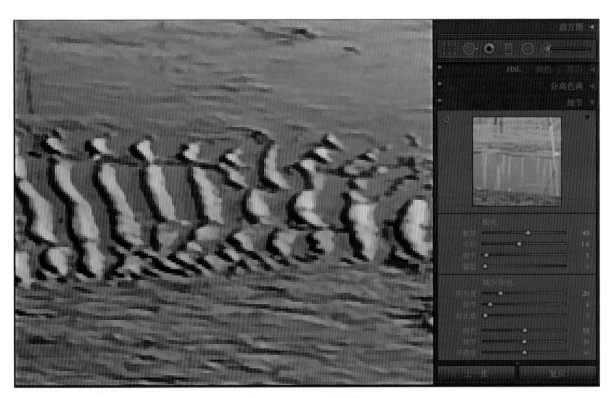

图 5.4.35　锐化后效果

"数量"滑块用于控制相邻像素之间的对比度，较大的数值会产生强烈的对比效果，所以不要盲目地提高"数量"的值。如果是RAW格式的图片，系统自动设置数值为"25"，这是基于数码相机特性的相对数值，可以取得不错的效果。

"半径"可控制锐化边缘的宽度，数值越大，范围越宽，边缘对比的效果越明显。

小贴士

按住Alt键后拖曳"半径"滑块，可以得到PS中"高反差保留"滤镜一样的效果。

"细节"滑块是半径滑块的有力补充，确定有多少像素被定义为边缘，最低的数值只把对比最强烈的像素定义为边缘，所以仅增强边缘锐化效果。默认数值为"25"。

"蒙版"滑块是控制锐化效果在对象边缘还是在整体的区域显示。数值为"0"时，锐化图片的所有区域；数值为"100"时，锐化对比度最高的边缘区域。在锐化肖像图片时，它可以保护具有大面积连续色调的皮肤不受锐化的影响，保持皮肤光滑细腻，让锐化的效果仅仅出现在眼睛和头发等对比度强烈的边缘。

小贴士

　　按住 Alt 键后拖曳"蒙版"滑块，蒙版同 PS 中一样以黑白两色显示，其中显示的黑色区域是被遮挡的区域，白色区域是锐化的区域，简单讲就是"白锐黑不锐"。

（2）降噪。图片中的噪点包括灰度噪点和彩色噪点。灰度噪点，也称明亮度噪点，使图片呈现粒状，不够平滑，而彩色噪点会使图片出现色点或色斑，看起来失真。图片降噪效果如图 5.4.36 所示。

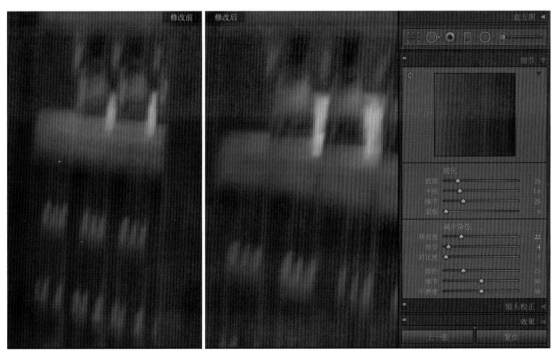

图 5.4.36　降噪前后效果

5.4.2.9　校正照片常见问题

1. 批量处理

处理照片时，常会遇到多张类似或同一时间段拍摄的照片需要做相同处理的情况，如果逐张处理，非常浪费时间，此时可以使用"同步"按钮，选择"同步"设置中的选项，同时处理一批照片。具体步骤如下：

（1）在一组类似照片中，选择一张照片进行处理，如图 5.4.37 所示。

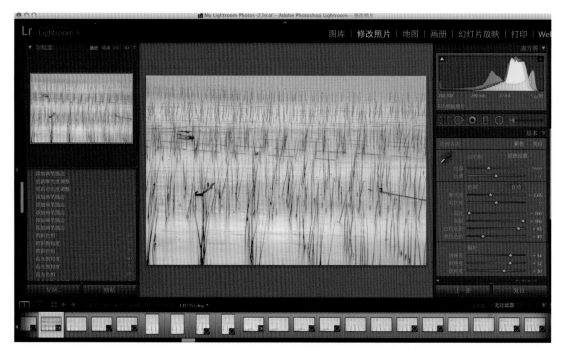

图 5.4.37　选择一张待处理照片

（2）同时按 Ctrl 键和鼠标左键，选择需要同步的照片，单击"同步"，如图 5.4.38 所示。

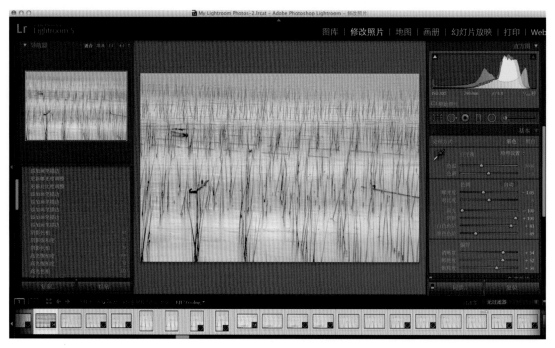

图 5.4.38　选择同步的照片

（3）在弹出的同步菜单中，选择"同步"选项，如图 5.4.39 所示。

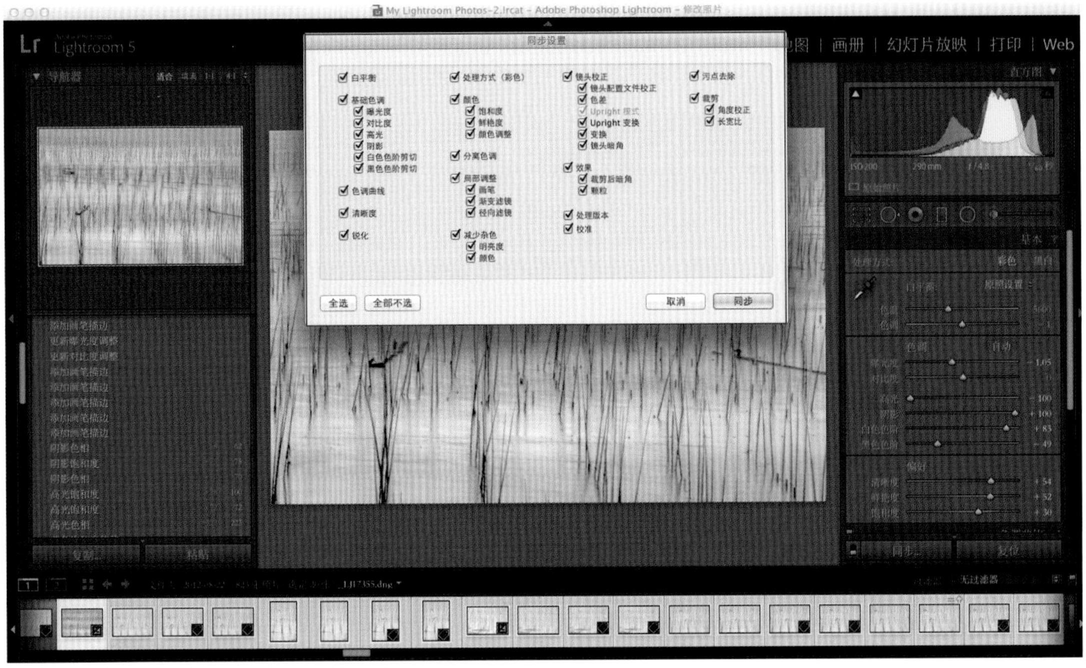

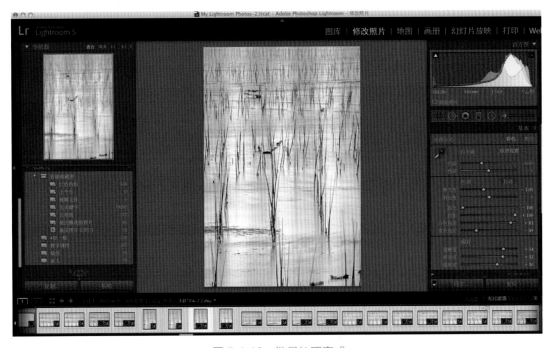

图 5.4.39 同步设置

（4）下方的显示胶片窗格中的照片，得到了相同的处理，如图 5.4.40 所示。

图 5.4.40 批量处理完成

2. 转为黑白照片

LR 中提供了 3 种简单方法，可以方便快捷地将彩色照片转变成黑白照片效果。图 5.4.41 为例，具体调整方法如下：

（1）使用"快速修改照片"，在"处理方式"中选择"黑白"，如图 5.4.42 所示。

（2）使用"图库"—"快速修改照片"，在"存储的预设"展开选项中选择相应选项，如图 5.4.43 所示。

图 5.4.41　原图

图 5.4.42　转为黑白照片方法一

图 5.4.43　转为黑白照片方法二

（3）使用"修改照片"—"基本"—"处理方式"—"黑白"命令，如图 5.4.44 所示。

图 5.4.44　转为黑白照片方法三

3. 消减色边

LR 中去边功能是自动化的，代替了手动的不确定性，使之简单有效。在"镜头校正"—"基本"菜单中，选择"基本"，在"启用配置文件校正"和"删除色差"选项前勾选就可以，如图 5.4.45 所示。照片消减色边效果如图 5.4.46 所示。

4. 制作画面收光效果

有时为了突出主题和主体，需要压暗四周，这就是所谓的收光处理。LR 提供了 3 种暗角处理智能混合模式，分别是"高光优先""颜色优先"和"绘画优先"。处理后的结果是"高光优先"最暗、"颜色优先"次之、而"绘画叠加"最亮。暗角调整有 5 个滑块，分别是"数量""中点""圆度""羽化""高光"。画面收光效果如图 5.4.47 所示。

图 5.4.45　消减色边

修改前　　　　　　　　修改后
图 5.4.46　照片消减色边前后效果

收光处理前

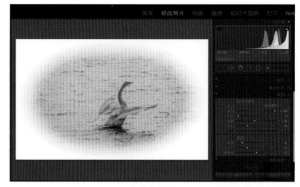

收光处理后

图 5.4.47　画面收光处理前后效果

 小贴士

☆神速修片利器："修改照片"模块下，"基本"面板中，"色调"的右侧有个"自动"按钮，是专为"懒人"提供的高效率修改图片的快捷方式———一键快修。

☆单击"复位"按钮，随时恢复到原始图片状态，所做调整全部取消。

5.4.3　导出图片

LR 的最后一步就是"导出"。无论是冲印照片，还是自己打印照片，或者制作幻灯片，都必须从 LR 中"导出"照片（图 5.4.48）。

"导出"按钮中有许多基本设置选项，其中"文件设置""调整图像大小""锐化设置""添加水印"使用比较广泛。

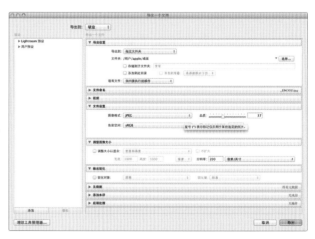

图 5.4.48　导出图片

 实践练习

1. 在导入图片前，练习建立图片管理文件夹。

2. 理解直方图的五种形式。

3. 熟悉并使用"修改模块"中的"基本"选项来调整图片。

4. 熟悉并熟练使用"画笔"工具，了解这个工具带来的奇妙效果。

5. 找一幅地平线倾斜的图片来校正。

6. 利用"同步"学会批量处理图片。

7. 挖掘"导出"的功能，简化保存图片的工作。

5.5　高级图片编辑

在图片处理的整体流程讲，Adobe 公司的软件设计为创意的激发、固化、发展和完善提供了整套的流程控制。在 Lightroom 软件（简称 LR）中进行创意，可以通过大量的浏览图片、浏览预设来设定最初的风格，并进行构图预处理。但是在 LR 中无法进行像素的移动和组合，而需要借助 Photoshop 软件（简称 PS）在像素和图层上进行更加深入的编辑。

LR 的整体流程清晰流畅，PS 在细节实现上灵活而深入，我们可同时借助二者来实现自己的创意。

5.5.1　LR 与 PS 的交互处理

尽管 LR 是摄影师常用的专业软件，但它在对图片的合成和创造性修饰方面不及 PS，所幸的是它们同出一门，都是 Adobe 公司的软件，两者之间有极好的交互性，编辑图片时，可以在不退出 LR 的情况下，自由地切换到 PS，反复、交互地对图片进行处理。也就是说，在 LR 中处理过的图片可以转到 PS 中继续深加工，而 PS 加工后的图片通过保存的方式，又可以回到 LR 中继续润色，形成了交互式的无缝衔接，并且原始图片不受任何影响。

5.5.1.1　合并到全景图（接片）

在拍摄过程中，有时会遇到场景宏大，或者后期需要放大图片要求有足够大的像素的情况，但又受到镜头焦距不够的限制，此时只能拍摄多张图片，然后在后期拼接处理成一张全景图，即摄影师常说的"接片"。接片的具体方法如下。

（1）在"图库"模版网格视图中，鼠标左键单击第 1 张图片后，按住 Shift 键在第 9 张图片上单击左键，此时选中了要制作接片的图片，如图 5.5.1 所示。

图 5.5.1　选中待接片图片

（2）在选中的任意图片上单击右键，并在弹出的子菜单中选择"在应用程序中编辑"下的"在 Photoshop 中合并到全景图"命令，将图片转到 Photoshop CC 中进行编辑，如图 5.5.2 所示。

（3）此时 PS 软件会自动打开 PS 的"Photomerge"对话框，在对话框的左侧版面中勾选"自动"，其余选项默认。最后单击"确定"，如图 5.5.3 所示。

图 5.5.2　将选中图片转至 Photoshop CC 中

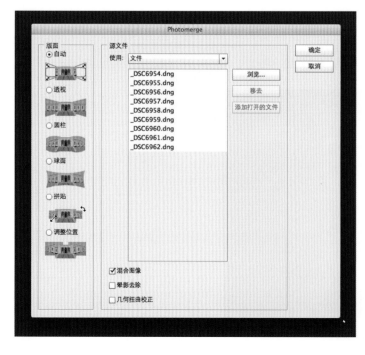

图 5.5.3　进行图片拼接

（4）在PS中拼接完成之后，会创建一个带有图层蒙版的分图层图像文件，如图5.5.4所示。

（5）合并可见图层，通过"编辑"下的"变换"命令选中所有图片，并使之变形，效果如图5.5.5所示。转图到LR中的效果如图5.5.6所示。

图5.5.4　拼接完成

图5.5.5　变形、剪裁后效果

图 5.5.6　转图到 LR 中的效果

5.5.1.2　HDR 照片制作

HDR 是摄影常用技术之一，是英文 High-Dynamic Range 的缩写，意为"高动态范围"。经 HDR 程序处理的照片具有迷人的梦幻般的暗部细节和丰富的色彩。

动态范围指的是某一景物上的光线从最亮到最暗的变化范围。高动态范围，简言之，就是涵盖了很宽范围的光线值。HDR 摄影是针对同一景物，以不同的曝光拍摄若干照片，然后将它们合并到同一个影像中，从而获得所拍摄景物的最大动态范围的技术。

目前，HDR 有两种实现方式：一是利用相机中自带的 HDR 功能拍摄，即可得到；二是拍摄一组包围曝光的图片。每一张图片，都对所拍摄的景物有重要的作用。曝光不足的图片记录下高光部分的细节，而曝光过度的图片却记录了阴影部分的细节。HDR 照片制作方法如下。

图 5.5.7　选择待合并图片

（1）在"图库"的网格视图中，按住 Ctrl 键选择需要合并的图片，如图 5.5.7 所示。

（2）在选中的任意图片上单击右键，并在弹出的子菜单中选择"在应用程序中编辑"下的"在 Photoshop 中合并到 HDR Pro"命令，将图片转到 Photoshop CC 进行编辑，如图 5.5.8所示。

图 5.5.8　合并图片

（3）自动处理完成后，弹出"合并到 HDR Pro"对话框。在对话框缩览图的下方有小勾的表示该图片将用于合成。在"模式"项中选择"16 位"、转换方法为"局部适应"，勾选"移去重影"。设置好后单击"确定"，即可获得一张 HDR 照片，如图 5.5.9 所示。

图 5.5.9　HDR 照片制作完成

（4）在 PS 中做进一步的调整，例如增加丰富的色彩，选择"图像"—"调整"—"自然饱和度"；增加图片的锐度，选择"滤镜"—"锐化"—"USM 锐化"，这样就得到了高动态范围的图片，如图 5.5.10 所示。

图 5.5.10　最终效果

5.5.2　数字图像的合成

目前摄影处理软件的设计都有一个共同的理念，就是无损处理，即对原文件无损，可以控制处理过程，视觉的元素都在图层中分别处理，只在最终的输出阶段才会真正地将图层合并，同时赋予创造性的效果。这个观念在 LR 中表现得最为彻底，而 PS 中可通过图层、蒙版和图层样式对图层的内容进行各种处理。图层所做的事情比摄影本身要多得多，这也要求我们在 LR 和 PS 中不停地探索，以期达到摄影师的艺术目标。

图层是一个伟大的发明，是解放创造力和效率的一次革命，具有划时代的意义。数字图像的合成方法如下。

（1）在 PS 中打开要合成的图片，如图 5.5.11 所示。

图 5.5.11　打开图片

（2）转化为普通图层。在作为底图的图片中，双击右侧该图层，使之解锁，如图 5.5.12 所示。

图 5.5.12　转为普通图层

（3）修补图像。使用工具条中的"修补工具"把图层中没用的部分圈起来，移动到获取内容上，此时影响画面的没用的部分被覆盖，得到完整的底图，如图 5.5.13 所示。

图 5.5.13　修补图像

（4）叠加图像。使用工具条中的"移动工具"，将要添加的图层拖曳至底图之上，此时在图层面板显示出两个图层，如图5.5.14所示。

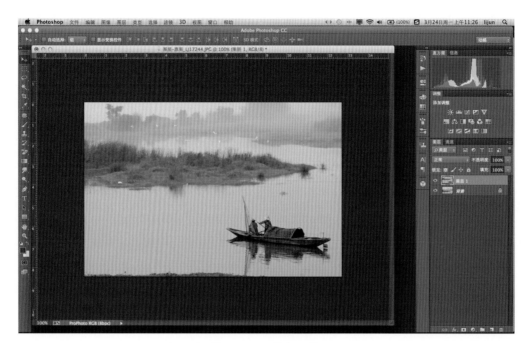

图 5.5.14　叠加图像

（5）添加蒙版。单击右下方的"添加蒙版"图标，此时的该图层右侧会出现白色的蒙版。白色的蒙版意味着当前图像可见，如图5.5.15所示。

图 5.5.15　添加蒙版

（6）编辑蒙版。选择工具条中的"画笔工具"，使用黑色画笔，在不需要的部分按住鼠标左键进行涂抹，此时，该图层的蒙版会出现黑色的填充部分。蒙版中黑色的部分就是被遮挡的图像，不再显现，如图 5.5.16 所示。

图 5.5.16　添加蒙版

（7）修饰该图层。选择"图像"—"调整"—"色阶"，调整至边缘痕迹消失，或者使用"图层样式"进行调整，效果如图 5.5.17 所示。

图 5.5.17　修饰效果

数字摄影艺术与实践

（8）合并图层，如图 5.5.18 所示。此时，图片处理接近尾声。

（9）细致修饰，完成。最终效果如图 5.5.19 所示。

图层、蒙版和调整层三位一体的操作是图像调整的最高境界，利用调整层的非破坏性、蒙版的区域控制，通过图层的顺序来把握被调整层，可以实现无痕迹拼接图片。

图 5.5.18　合并图层

图 5.5.19　最终效果

实践练习

1. 练习合并到全景图，拼接图片。

2. 练习合并到 HDR，获取高饱和度的图片。

3. 利用 PS 中的图层和蒙版，合成处理图片。

5.6 图片的展示

展示就是展现、显示。我们拍摄的摄影作品可用多种方法予以充分的展示。例如，利用"画册"模块的功能，可以制作电子书；使用"Web"模块，可轻松建立个性化的"网络画廊"等。图片展示主要有以下几种形式。

5.6.1 幻灯片展示

数码时代充满了乐趣，相比大家熟悉的 PPT 而言，LR 最大的特点就是专注于摄影作品的展示。LR 不但能在幻灯片中添加"器材""曝光度"等元数据，还能导出动态播放的 PDF 文件、MP4 视频文件以及连续的 JPEG 文件，如图 5.6.1 所示。

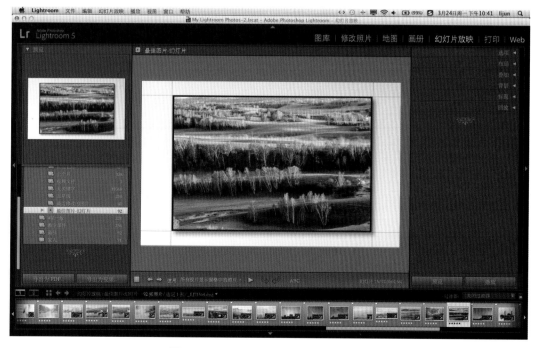

图 5.6.1 Lightroom 软件的工作界面

（1）利用"选项"面板，为图片添加边框及宽度，绘制投影（图5.6.2）。

1）选择边框颜色。展开"边框"面板，勾选"绘制边框"，然后单击右侧的"绘画边框拾色器"，选择颜色。

图5.6.2　为图片添加边框

2）调节边框宽度。向右拖曳"宽度"，增大边框的宽度，或者直接输入数值。

（2）利用"叠加"面板，为图片添加"身份标识"，并可"叠加文本"，即可以标示所用器材和该图片的感光度，如图5.6.3所示。

图5.6.3　为图片添加身份标识

（3）利用"背景"面板，选择"背景色"，添加"背景图像"，如图5.6.4所示。

图 5.6.4　添加背景图像

（4）利用"标题"面板，添加片头与片尾，如图5.6.5所示。

图 5.6.5　添加片头与片尾

（5）利用"回放"面板，添加背景音乐，如图 5.6.6 所示。

图 5.6.6　添加背景音乐

5.6.2　打印展示

LR 智能的打印模块，预置了几十种用于打印的页面布局模版，而且在其界面（图 5.6.7）的右侧面板中提供了多种用于调制版面、打印输出和色彩管理的专业设置，并且操作直观简单。

图 5.6.7　LR 打印界面

（1）利用"布局样式"面板，可选择多种布局模式，如图 5.6.8 所示。

图 5.6.8　选择布局模式

（2）利用"图像设置"面板，可调节边框及描边状况，如图 5.6.9 所示。

图 5.6.9　绘制边框

（3）利用"布局"面板，设置边距、页面网格、单元格大小，如图5.6.10所示。

图 5.6.10　图片布局

（4）利用"参考线"面板，设置是否出血打印，边距与装订线等，如图5.6.11所示。

图 5.6.11　设置边距等

（5）利用"页面"面板，设置页面的背景颜色、身份标识和图片信息等内容，如图 5.6.12 所示。

图 5.6.12 设置页面信息

（6）利用"打印作业"面板，设置打印分辨率、锐化、纸张类型、色彩管理等选项，如图 5.6.13 所示。

图 5.6.13 设置打印选项

5.6.3　画册展示

通过使用画册模块（图 5.6.14），您可以设计图片画册，制作电子书。

图 5.6.14　画册设置面板

（1）利用"画册设置"面板，选择输出方式（PDF 或 JPEG），并指定画册大小和封面类型（精装或平装版）。如果输出为 JPEG，要进一步选择 JPEG 品质、颜色配置文件、文件分辨率以及是否应用锐化，如图 5.6.15 所示。

图 5.6.15　画册设置

（2）利用"自动布局"模块自动设置画册的页面布局，如图 5.6.16 所示。

图 5.6.16　设置画册的页面布局

（3）利用"页面"模块，单击"添加页面"，可在当前选定的页面旁边添加一个页面，如图 5.6.17 所示。

图 5.6.17　添加页面

（4）利用"参考线"功能（图5.6.18）。在图像预览区域中可启用或禁用参考线。参考线不会被打印，而是仅用于帮助您在页面上放置照片和文本。

图5.6.18　使用参考线

（5）利用"单元格"模块设置边距等，如图5.6.19所示。

图5.6.19　设置边距

（6）利用"文本"模块为各个照片或整个页面添加文本字段，如图 5.6.20 所示。

图 5.6.20　添加文本

（7）利用"类型"模块对文件样本进行预设，如图 5.6.21 所示。

图 5.6.21　文本样本预设

（8）利用"背景"模块可以把照片、图形或纯色作为画册页面的背景，如图 5.6.22 所示。

图 5.6.22　设置画册页面背景

5.6.4　网络画廊展示

网络画廊也被称为"Web 画廊"，是一个展示图片的网页。在 LR 中可以将选中的图片生成一个 Web 画廊，其操作非常简单，即使没有任何网页制作经验，也能轻松地创建个性化的 Web 画廊，如图 5.6.23 所示。

图 5.6.23　创建 Web 画廊

（1）打开"布局样式"，选择默认的"Lightroom Flash 画廊"模板或"Lightroom HTML 画廊"模板，或者 3 个 Airtight Interactive 画廊布局之一，如图 5.6.24 所示。

图 5.6.24　选择模板

（2）利用"网站信息"模块，指定您的 Web 照片画廊的标题、收藏夹标题和说明、联系信息以及 Web 或 E-mail 链接，如图 5.6.25 所示。

图 5.6.25　设置 Web 照片画廊

（3）利用"调色板"模块，为文本、网页背景、单元格、翻转、网格线以及索引编号指定颜色，如图 5.6.26 所示。

图 5.6.26　设置网页背景颜色

（4）利用"外观"模块，指定图像单元格布局或页面布局。此外，还指定网页上是否显示身份标识，并允许您添加投影和定义分段线，如图 5.6.27 所示。

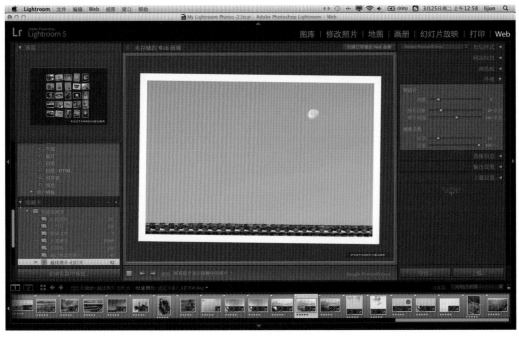

图 5.6.27　"外观"模块设置

（5）利用"图像信息"模块，指定随图像预览显示的文本，如图5.6.28所示。

图 5.6.28　添加题注

（6）利用"输出设置"模块，指定照片的最大像素尺寸和 JPEG 品质，以及是否添加版权水印，如图5.6.29所示。

图 5.6.29　照片输出设置

（7）利用"上载设置"模块，定时将您的 Web 画廊发送到服务器，如图 5.6.30 所示。

图 5.6.30　Web 画廊上载设置

艺术有永恒的魅力，它揭示了我们不完美的世界的对立面——一个完美的世界。艺术的本质只是展示另一个世界，提醒我们还存在着另一个世界或另一种生存方式。

实践练习

1. 利用"幻灯片"模块，学会展示图片的方法。

2. 使用"画册"模块的功能，制作电子书。

3. 使用"Web"模块，轻松建立个性化的网络画廊。